# 第 5 章
# 花式咖啡 & 甜品

**图书在版编目（C I P）数据**

超简单！在家冲煮好咖啡 /（日）富田佐奈荣著；
张雯译. — 南京：江苏凤凰科学技术出版社，2021.9
ISBN 978-7-5713-1578-8

Ⅰ．①超… Ⅱ．①富… ②张… Ⅲ．①咖啡—配制
Ⅳ．①TS273

中国版本图书馆CIP数据核字(2020)第239931号

新版　おいしい珈琲を自宅で淹れる本
©Sanae Tomita 2018
Originally published in Japan by Shufunotomo Co., Ltd
Translation rights arranged with Shufunotomo Co., Ltd.
through CREEK & RIVER Co., Ltd. & CREEK&RIVER SHANGHAI Co., Ltd.

**超简单！在家冲煮好咖啡**

| | | |
|---|---|---|
| 著　　　者 | ［日］富田佐奈荣 | |
| 译　　　者 | 张　雯 | |
| 责 任 编 辑 | 祝　萍　向晴云 | |
| 特 约 编 辑 | 韦　玮 | |
| 责 任 校 对 | 仲　敏 | |
| 责 任 监 制 | 方　晨 | |

| | |
|---|---|
| 出 版 发 行 | 江苏凤凰科学技术出版社 |
| 出版社地址 | 南京市湖南路1号A楼，邮编：210009 |
| 出版社网址 | http://www.pspress.cn |
| 印　　　刷 | 佛山市华禹彩印有限公司 |

| | |
|---|---|
| 开　　　本 | 880mm×1230mm　1/32 |
| 印　　　张 | 6.25 |
| 字　　　数 | 170 000 |
| 版　　　次 | 2021年9月第1版 |
| 印　　　次 | 2021年9月第1次印刷 |

| | |
|---|---|
| 标 准 书 号 | ISBN 978-7-5713-1578-8 |
| 定　　　价 | 58.00元 |

图书如有印装质量问题，可随时向我社印务部调换。

# 目  录
CONTENTS

第〈1〉章

## 在家品尝美味咖啡的条件

第〈2〉章

## 挑选合适的咖啡豆研磨

第 ③ 章

# 萃取香醇咖啡

第 ④ 章

# 咖啡味道的再次升级

## 在家也能做出美味咖啡

你难道不想在家品尝到和咖啡店里一样浓香正宗的咖啡吗?

如果自己可以冲泡美味咖啡,那么家就是最高级的咖啡店,让你可以在其中度过一段极致享受的咖啡时光。

本书是 2012 年日本主妇之友社发行的《在家也能冲泡美味咖啡》的修订版——经过再次加工以及编辑而成。

"咖啡的味道到底是由什么决定的?"本书作为可以让你在家做出正宗美味咖啡的入门书,从最基本的味觉说明开始,就咖啡的冲泡方法、砂糖、牛奶、奶油等的挑选方法,以及咖啡店里大受欢迎的自制咖啡的调制方法,咖啡豆的品种和如何购买等各方面都做了丰富详细的说明。

希望本书能帮助你更深入地了解咖啡,从而拥有丰富且享受的咖啡时光。

日本咖啡策划协会会长、Cafe's Kitchen 校长 富田佐奈荣

第 **6** 章

# 如何购买美味的咖啡豆

## 关于本书

· 第 3 章 "萃取香醇咖啡" 里没有关于咖啡机的相关项目说明，请根据咖啡机说明书使用。

· 第 6 章 "如何购买美味的咖啡豆" 里介绍的品牌由于合同关系、农庄封闭等原因可能在某些国家或地区无法购买，请大家谅解。

· 计量的单位，大勺 1 勺为 15ml，小勺 1 勺为 5ml，咖啡勺大约 2ml。

· 提示的烤箱温度和烘烤时间只作为基准参考，请根据烤箱的型号自行调节。

· 无盐黄油、砂糖、上白糖[1]、细砂糖等，尽可能地使用指定名称的材料。

· 可可粉请使用没有添加乳糖或砂糖等的 100% 纯可可。

· 生奶油请使用乳脂含量 35% 的生奶油。

**合作公司一览（按五十音图排序）**

F and B（エフアンドビー）

浓缩咖啡机、磨豆机等的进口、出售

F·M·I

商用浓缩咖啡机的进口、出售

Angels share ( 胶囊咖啡 Belmio)

胶囊咖啡、食品、红酒等的进口批发

Kalita

咖啡机器的综合制造

Keycoffee

咖啡豆的制造、批发、零售

共和咖啡店

咖啡豆的制造、批发、零售

Suntory foods (WATUNAGI)

清凉饮料、商用糖浆等的出售

Sugico 产业

商用器具的综合制造

Tiger 保温杯

家庭用电气化产品的制造、出售

高梨乳业

乳制品的制造、出售

日佛贸易 （MONIN）

风味糖浆等的进口批发

森乳食品

乳制品的出售

Lead off Japan (da Vinci gourmet)

食品、饮料、酒类的综合商社

---

1. 上白糖是日本特有的白砂糖，特点是富湿润感且保湿效果较佳，多用于家庭料理。

第 $1$ 章

|||||||||||||||||||||||||||||||||||||||||||||||||

在家品尝美味咖啡的条件

可能很多人都会想：在家要品尝到和在咖啡店里同样味道的咖啡一定需要什么专业技巧吧？其实不然，自己冲泡出味道不逊色于咖啡店里的咖啡并没有我们想象的那么困难。美味的咖啡到底是什么样？冲泡出美味咖啡的条件是什么？这一章我们就从综合理解方面入手，开始介绍相关知识，之后的章节里会教给大家更加详细的知识和技巧。

# ＜ 在家品尝"自己喜爱的咖啡"是最美味的 ＞

在家喝咖啡其实是最开心、最美味的。

即使自己冲泡的咖啡可能并没有咖啡店里那么多口味、那么美味，但是在家也有在家冲泡咖啡的方法、品尝咖啡的乐趣。

这里就给大家总结一下"在家品尝咖啡"的魅力所在。

## 冲泡时享受咖啡的醇香

研磨过的咖啡，会散发出醇美的香气。正因为如此，在家冲泡咖啡便充满了乐趣。细细嗅闻手动研磨机里堆积的咖啡粉香气，也是在家冲泡咖啡的乐趣之一。倒入热水后，能感受到满屋子都弥漫着咖啡的香气，这是在喝咖啡之前就可以享受到的最幸福的一刻。

## 不用在意时间，想喝就喝

不用考虑咖啡店的营业时间（因错过营业时间而喝不上咖啡），这也是在家冲泡咖啡的好处之一。

比如清晨代替闹钟的一杯咖啡或者深夜里为工作加油的一杯咖啡。

我们可以根据自己的时间和状态选择咖啡豆和研磨方式，当然，热水的温度也由我们来自由调节。

## 开始懂得区分咖啡的不同口味

自己亲手冲泡咖啡，或许会让你更有兴趣了解咖啡豆的种类或者烘焙方法。在尝试过各种各样的咖啡口味之后，你自然可以渐渐分辨出咖啡店里各种咖啡口味和品质的不同。"如果喜欢酸味系的话，推荐这种咖啡豆"，或许可以很自然地说出这样让人刮不相看的话哦！

## 根据喜好做出属于自己的混合咖啡

请咖啡深度爱好者一定要尝试从多种咖啡豆中自由挑选组合，搭配出属于自己的混合咖啡。世界各国的咖啡豆酸味和浓度等特性各异，组合起来可能会产生复杂的混合口感——但这样也许会很好喝。本书的第6章介绍了一些拼配方法，供大家参考。

## 花式咖啡也能美味

在充满情调的咖啡馆里经常可以喝到卡布奇诺或者其他各种风味的咖啡，如果在家也尝试做出这样的咖啡，一定会让你的咖啡时光变得更加丰富多彩。让我们用牛奶、生奶油和糖浆等容易买到的食材，尝试调制出和平常喝的普通咖啡口感不同的花式咖啡吧。

## 充满期待的稀有咖啡

在如今的网络世界，不论多么稀有的咖啡豆都有可能买到。在面向咖啡爱好者的专门店里买到了稀有的品种之后，拆开它那并不多见的包装时猛然闻到的那种醇香，一定会让你对它冲泡出来的味道充满了期待和想象，这也是一种不可多得的乐趣呢！

# 〈 咖啡豆的选择和烘焙让味道大不同 〉

一杯咖啡从开始制作到完成有很多道工序，各种各样的条件都会影响最后的味道。让我们按顺序追溯咖啡豆从生产到最后变成咖啡注入杯中的过程，整理一下每道工序对味道的影响以及需要注意的要点。

## 买之前味道已经被决定了吗？

对在家所喝到的咖啡追根溯源的话，最后一定会追溯到生长着这些咖啡豆的树上。现在我们从生豆是如何变成一杯咖啡的全过程开始探讨，看看到底什么样的条件会影响味道。

从咖啡豆的生产工序来看，生豆的生长状况在一定程度上决定了咖啡的味道。有些人甚至认为，这一阶段中咖啡豆的生长状况可以影响味道的70%。我

倒觉得不至于此，但是有些初学者认为萃取技术导致了味道的巨大差异，反而忽略了咖啡豆本身品质的想法也是不可取的。再厉害的萃取技术也不能忽略"咖啡豆特有的香味、酸味和浓度"。对咖啡豆拥有的风味、生产方法和收获咖啡豆的庄园感兴趣也是在家冲泡美味咖啡的重要条件，详细内容可参考本书的第2章和第6章。

生产·作业工序

种植 ------------> 收获 ------------> 精制 ------------>
　　　　　　　　　　　　　　　　　　　　　处理法
　　　　　　　　　　　　　　　　　　　　　·自然日晒法
　　　　　　　　　　　　　　　　　　　　　·蜜处理法
　　　　　　　　　　　　　　　　　　　　　·半水洗法
　　　　　　　　　　　　　　　　　　　　　·水洗法

咖啡豆的状态

　　　　　　　　　　果实 ------------> 生豆（带皮）------->

## 味道的决定条件一

### ① 咖啡豆的品种决定了不同的香味特征

和日本的大米一样，咖啡树也有很多品种，大致分为阿拉比卡和罗布斯塔两种。前者是比较高品质的，通常我们在咖啡店里品尝到的几乎都是这种。罗布斯塔种则多用于冲泡味道偏苦涩的越南咖啡，或者制成罐装咖啡、速溶咖啡等。阿拉比卡种中有被称作波旁、铁皮卡的

原生种，也有卡杜拉、苏门答腊等变异种，各种风味都有其特征。原生种中的波旁和铁皮卡就相当于葡萄酒中的赤霞珠和梅洛。这里稍微提醒一下，如果在认识各种咖啡豆的过程中发现了好喝的咖啡豆，就请顺便了解一下它的品种并且记住它。

### ② 农庄的"土壤""气候""海拔"决定咖啡豆风味的变化

阿拉比卡种因为不能适应高温潮湿的气候，所以在容易产生高温天气的热带洼地种植就很难成活；而在热带地区的高海拔区种植，适当的高温和夜间低温造成的温差便使得咖啡的果实可以结实生长。中美洲各国根据"产地高度"给咖啡豆评级（参考 P23）也是由此产生的。农庄的种植环境也很重要，比如含有丰富弱酸性矿物质的火山灰土壤排

水性很好，适合咖啡树生长。预先知道想购买的咖啡豆是在哪个农庄种植的之后，才能更了解"种植环境和咖啡豆味道的关系"，也才能更好地发现自己喜欢的咖啡豆。

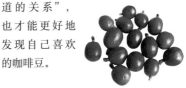

收获的咖啡樱桃

### ③ 水洗法、蜜处理法会使咖啡豆的风味更好

收获的咖啡樱桃除去果肉，留下带内果皮的咖啡种子的过程叫作处理法，这是精制的前半段工序。这其中又分成自然日晒风干（自然日晒法）、除去果肉之后日晒风干（蜜处理法）和在水槽中除去果肉之后干燥（半水洗法、水洗法）这几种方法，精制的方法不一样，味道也不一样。一般来说，经水洗法处理的咖啡豆拥有更好的风

味，当然也有喜欢自然日晒系口味的人，找到了自己喜欢的咖啡豆，就可以去了解它是用哪种处理法精制的了。

剥掉外果皮的样子

咖啡生豆（带内果皮的样子）

生产·作业工序

干燥法 ------> 出货 ------> 烘焙 ------> 保存 ------>

静置 脱壳 挑选
（让咖啡豆
的青涩香气
沉淀）

出口或者进口

· 直火烘焙
· 远红外线烘焙
· 微波烘焙
· 过热水蒸气烘焙
· 热风烘焙等

咖啡豆的状态

------------> 生豆 ------------> 烘焙豆 ------------>

④▍根据挑选结果决定咖啡豆的分级

　　从带内果皮的咖啡种子到生豆再到
装袋出货的过程叫干燥法。脱了果皮的
豆子因为有青涩味，需要静置一段时间，
在脱壳之后进行"挑选"：去除黑色的
豆子（电子甄别），把虫豆和石子等杂
质挑拣除去（手工作业），按照豆子的
大小进行分类（尺寸筛选）等——有很
多种挑选方法，不同的生产国挑选方法
也不同。生产精品咖啡的农庄除了公开
一部分信息之外，不公开的部分也有很
多，所以我们得知的内容也有限。其中
生产国的咖啡豆规格和等级排序（参考
P22 ~ P23）也是重要的信息，现在就
请先记住以上这些信息吧。

脱壳之后呈黄色的生豆

⑤▍包装的方法也会改变生豆的状态

　　"放入麻袋的烘焙豆"是为了让照
片好看才这样拍摄的，本书也是如此，
但实际上咖啡生产国出口的麻袋里装的

都是生豆状态的咖啡豆。因为生豆的新
鲜度很重要（也有人喜欢采摘后放置了
几年的老豆），为了减少温度变化和光

热的影响，近年来已经不使用麻袋而改用真空袋来保持咖啡豆的新鲜度了，用对环境变化适应性很强的聚乙烯塑料袋的情况也越来越多了。如果你在网上发现了此类信息的话，便可大致推断出"这个咖啡豆的生产者（或者公司）挺看重品质管理，可能豆子会很好"。

## ⑥ 根据烘焙方式、烘焙程度深浅等把握味道

生豆在烘焙的时候会散发香气，里面蕴含涩味的绿原酸等物质会减少，待拥有苦味的成分发散出来之后就变成了我们常喝的咖啡的味道。虽然我们在家也可以自己用平底锅烘焙，但是要达到专业烘焙人员的水平还是需要相当的知识和技术，本书就不介绍在家烘焙生豆的方法了。专业人员会用直火、远红外线、微波烘焙等独特技术将生豆拥有的特质发挥到极致。这个部分就交给专业人员，我们要记住的是浅度烘焙、深度烘焙等"烘焙的程度（Roast）"。因为浅度烘焙和深度烘焙会使豆子的味道有很大的差别，所以了解自己喜欢的豆子是什么烘焙度（参考 P24 ~ P25），适合这种烘焙度的萃取器具是什么，也是在家冲泡美味咖啡的条件之一。

咖啡豆经深度烘焙后的状态，"烘焙度"也是决定味道的关键

## ⑦ 容易忽视的"新鲜度"是最重要的条件

一旦开始烘焙之后，豆子的香味就会变得越来越减弱，口味也会变得越来越酸。烘焙 2 天后和烘焙 2 个月后常温放置的同一品种咖啡豆，我们在品尝时可以很明显地尝出两者味道的差别。烘焙 2 个月后没有妥善保存的咖啡豆，甚至可以喝出泥水一样的味道。这种变质和豆子的品质无关，是时间久了或保存不当都会发生的情况。咖啡豆最好在烘焙后 1 个星期内喝完，喝不完的可冷藏保存，保存方法（参考 P34）非常重要。如果好不容易买到了本书介绍的高品质咖啡豆（参考 P166），千万不要因为保存不好使得味道反而逊色于在超市就能买到的真空包装的咖啡豆。

# 〈 萃取技术的极大影响力 〉

本章后半部分要探讨的是购买了咖啡豆之后在家研磨到冲泡的过程。特别是介绍新手"怎样正确地萃取"才会使味道产生很大的改变，同时也会介绍一些容易被误解或者容易做错的方法。

## 正确的萃取使咖啡更美味

对咖啡的味道而言，选豆和烘焙都很重要，萃取方法也会对其产生很大的影响。下面让我们从咖啡豆的购买和研磨方法、热水的注入方法、咖啡杯的选择等各个工序的要点开始一一确认，并重点讲解初学者易犯的错误。

本章从咖啡树到一杯咖啡的诞生一共介绍了 15 条咖啡"味道的决定条件"。但这些也仅仅是决定味道的代表性条件。读完本书，你肯定可以明白咖啡的味道是怎样被各种各样的因素所影响，并且意识到深入奇妙的咖啡世界也是一件很开心的事。

生产 · 作业工序

**滤纸滴滤**

购买咖啡豆 - - - - → 研磨咖啡豆 - - - → 将咖啡粉放入器具 - - - → 注入热水 - - - →

正确折叠滤纸的方法请参考 P50

咖啡粉颗粒的粗细程度不一样会导致热水浸透咖啡粉的时间不同，混入杂味会使味道不均衡

注入的热水水流过细会产生泡沫和响声，没有响声的水流，粗细度是最好的

## ① █ 重要的是买到"新鲜"的咖啡豆

学习了有关咖啡豆的知识之后，我们在看到不同的厂商时，就会对他们所生产的咖啡豆的味道有大致的印象，但是也不能完全放心。烘焙过后的咖啡豆新鲜度是重点，我们买到的咖啡豆不一定都是"刚烘焙完成"的咖啡豆，也可能会发生买到老豆的情况，这就需要我们在不断试错的过程中找到那些卖新鲜咖啡豆的好店铺。

## ② █ 研磨成适合所用器具的颗粒大小

将咖啡豆研磨成粉末，才能让热水浸透，萃取出咖啡液。这种研磨的程度，从大颗粒（粗研磨）开始，到制作意式浓缩咖啡需要的极细粉末（极细研磨）为止，一般分为5个程度。颗粒的粗细不同导致热水浸透粉末后浸出的时间不一样，萃取出来的味道也会产生变化。研磨也是根据使用的器具不同，研磨出不同的粗细颗粒（参考 P30 ~ P31），确认好所使用的器具能研磨的粗细度之后，再开始尝试研磨出想要的粉末粗细。由于研磨器具（研磨机）不同（参考 P33），研磨不出想要的粗细度或者研磨不均的情况时有发生，所以需要在了解器具特性的基础上再开始研磨。

## ③ █ 越讲究细小工序，味道就越好

这里用最流行的滤纸式滴滤法作为例子来说明。因为需要用到的器具只有滴滤式咖啡壶、分享壶、滤纸这些简单的器具，所以要冲泡好很难。就拿"滤纸的折叠方法"这样很小的事情来说，折叠方法的错误也会使豆子本来的味道在萃取时大打折扣。萃取时为了不让热水的温度下降，事前温热所使用的器具也是让味道变得更好的秘诀。

## ④ █ 热水的注入方法也会改变味道

向咖啡粉里注入热水（或者是倒入热水）并不是一种表演，"轻柔"是首要原则。注水过于猛烈的话，咖啡粉不仅不会膨胀，还会到处飞散，最重要的是这样注水不会浸透粉末，好喝的味道就出不来。使用手冲壶等专门的器具（参考 P41），以绕着咖啡粉画圈的方式注水才是正确的操作方法（参考 P53 ~ P54）。

闷蒸 ----→ 萃取 ----→ 倒入杯中 ----→ 根据喜好添加砂糖和奶油

　　　　　　第1次
　　　　　　第2次

在家品尝美味的咖啡

⑤ ▍闷蒸是决定味道的重要工序

　　我看过将水猛地倒入咖啡粉进行萃取的做法，也看过只放入少量的水，还没等咖啡粉完全浸透就闷蒸结束的做法。一开始注入热水的"闷蒸"这一步是决定咖啡味道的重要工序，一定要充分"闷蒸"10～50秒之后再注水（参考P53）。

如果只放入少量的水，没有等咖啡粉完全浸透就停止，闷蒸便不够充分，应进行用热水将咖啡粉完全浸透的闷蒸

⑥ ▍像画旋涡一样注水使萃取更成功

　　有人采用将热水倒在周边的粉末上的方式把滤纸全部浸湿，但其实在滤纸边缘注入热水并不能很好地浸透咖啡粉，只能在滤杯周围形成对流，最后流进分享壶里。正确的萃取应该是"从中心开始，像画旋涡一样注水，但水不要溅到滤纸上"（参考P54）。

不需要从周边开始注水。从中心开始画旋涡状注水，周边的粉末就能被热水浸透

### ⑦ ▍咖啡杯的特征影响品尝的味道

令我感到意外的是，大家似乎并不太了解"杯子的形状"与味道的关系。人的舌头在同一物品中的不同位置感受到的味道也不同：口径较宽的杯子更容易让人感受到酸味，而口径较窄的杯子却更易于让人捕捉到苦味。所以，应根据所冲泡咖啡的口感特征选择咖啡杯（参考 P97）。有人喜欢等咖啡冷了之后一点一点地喝，但要注意的是咖啡的香气在空气中挥发完只要 3 分钟。和红酒不同，咖啡接触到空气之后并不会让口味变得更加温和，反而会开始酸化。虽然各人喜好可能不同，但是咖啡趁热喝完会更加好喝。

口径窄的咖啡杯可以让人更好地捕捉到咖啡的苦味和浓香

### ⑧ ▍选错奶油的种类就失败

一定有人觉得"喝咖啡一定要喝黑咖啡"，但根据所冲泡咖啡的特征，我们一天中所喝的次数、当天的身体状况等情况的不同，也很推荐在咖啡中添加砂糖和奶油。以往我们一般都是使用袋装奶油，可这种袋装奶油都是植物性奶油（即人造奶油），并不适合浓咖啡。适合浓咖啡的是动物性奶油。如果不了解这些，最后反而会破坏难得的咖啡香味（参考 P95）。

这是不逊色于浓醇咖啡的动物奶油

第 **2** 章

挑选合适的咖啡豆研磨

　　想喝美味的咖啡时，首先是要把咖啡粉倒入器具中。本章将从"咖啡豆的挑选"开始介绍。选择什么样的咖啡豆是冲泡美味咖啡的必要条件？怎样研磨才是最好的？另外，如何保存咖啡豆也是让咖啡更加美味要考虑的重点。

# 咖啡豆的挑选方法

在家想喝美味咖啡的时候，首先要考虑的应该是选购什么样的咖啡豆。咖啡豆挑选的标准之一是看它的品牌和评级，然后就是看它的烘焙度。

咖啡豆的挑选方法一

# 了解咖啡豆的品牌

咖啡豆的品牌实际上很丰富，刚开始购买时，我们对选择什么品牌感到困惑是很正常的。因此，了解品牌名字的由来和附加信息的意思，以及评级的相关知识就显得非常重要。懂得了这些知识之后，挑选咖啡豆会变得意想不到的容易。

## 咖啡豆的简介很重要

日本咖啡豆的进口量名列世界第三。咖啡生产国将咖啡生豆运送到日本大型进口公司、专门经营咖啡生豆的商社或者咖啡厂商。除了那些可以自己烘焙咖啡豆的咖啡厂商之外，大部分咖啡豆都由烘焙商（Roaster）烘焙之后再流通到零售领域。另外，还有一部分咖啡豆通过批发商批发到咖啡豆专门店，经"自家烘焙"后出售。

在日本，大型咖啡厂商和大型烘焙商将大量购入的咖啡豆做成品牌商品出售，因为有一定水平的品质保证和持续供给，所以获得了消费者的青睐，平易近人的价格也是其备受欢迎的原因之一。但也是由于这样的"固定水平"，某种程度上它并不能满足那类想花钱在家喝上"特别美味的咖啡"的消费者的要求。

对口味有所讲究的人，推荐后文介绍的类型 E 或者 F（参考P17~P18），请务必在看过各种咖啡豆的相关信息之后再进行购买。

就拿红酒来说，如果你对表示"庄园生产"的"Chateau"很熟悉，那么通常对于红酒之间的差别就会有所了解。咖啡也是如此，在了解了咖啡豆的相关信息之后再去品尝咖啡，会加深对咖啡豆的理解，也增加品尝的乐趣。

# 咖啡豆品牌的类型

目前，在日本市场上的咖啡豆品牌大致可分为 6 种类型。

## 类型 A

### ▌不标注生产国、厂商等

外包装上使用了类似于右侧方框中的字眼，展示出"咖啡豆的状态"和"烘焙方法"。这种类型的咖啡豆通常本身品质不高，但为了突出口味，会使用混合咖啡豆，或者在烘焙上下功夫。

· 高级咖啡○○
· ○○炭烧咖啡
· ○○微波烘焙
· ○○远红外线烘焙

## 类型 B

### ▌标注是混合咖啡

混合咖啡的包装上标注有"淡味""特选"等字眼的并不是指高品质的咖啡豆。标注"乞力马扎罗""曼特宁"等名字，一般是指含有 30% 以上这类咖啡豆，但是剩余不到 70% 使用的是什么品种的咖啡豆却是无法确定的。

· 淡味咖啡
· 乞力马扎罗混合
· 摩卡混合
· 曼特宁混合

**可在超市、普通咖啡店购买**

## 类型 C

**标注国家名（或民族名、出货港口）**

只标注了生产国家，其他的信息都没有写的情况通常是表示这类咖啡豆没有参加评级，或者级别不高，一般是大量生产贩卖的咖啡豆，就像红酒中的餐酒。

> · 巴西、哥伦比亚、坦桑尼亚、海地（国家名）
> · 摩卡（出货港口）
> · 曼特宁（民族名）

## 类型 D

**标注地域名（包含广泛的区域）**

世界上适宜生产咖啡的地区有很多，典型的就有如右侧方框中列出的这些地区。如果是在这些产地收获的咖啡豆，品质差的很少。但实际上，日本市场里还有一些其他品牌咖啡的进口量不断上涨，因此，对于这些品牌的咖啡进行挑选时需要注意。

> · 夏威夷·科纳（岛）
> · 乞力马扎罗（山区地带）
> · 绿宝石山（山区地带）
> · 托拉加（印度尼西亚地区）

**可在百货店专柜、咖啡豆专门店购买**

## 类型 E

**标注国家名、广泛区域和级别**

危地马拉的 SHB 是指在海拔 1 350m 以上地区收获的咖啡豆，哥伦比亚特选级和坦桑尼亚 AA 是指咖啡豆的尺寸在 6.75mm 以上，各生产国根据各自的规定给咖啡豆评级——目前并没有统一的分级标准。当然，级别（等级）越高越好喝。

> · 危地马拉 SHB
> · 哥伦比亚 特选级
> · 坦桑尼亚 AA
> · 曼特宁 G1

第 2 章 挑选合适的咖啡豆研磨

17

## 标注国家名和地区名（特定区域）、农庄名、生产商

生产咖啡豆的农庄或者生产商如果是品牌的话，就相当于瓶身上标明"Chateau ○○"的上等红酒一样。讲究产地的咖啡豆中，被称为"精品咖啡"的高品质咖啡豆有很多，因此，现在我们买到好咖啡豆的概率很高。致力于生产高品质咖啡豆的庄园作为品牌正在被大众所认知（参考 P19～P23）。

·尼加拉瓜
·吉姆·莫利纳（生产商）
·巴拿马·茉莉娜（庄园）
·肯尼亚 Tekangu（Tekangu 地区的农协）

**可在网上商店或者咖啡爱好者认可的专卖店购买**

### 评级是什么？

生产方根据"咖啡豆的大小""采摘海拔""不良豆的含有量"等基准进行的评级，和味道好坏没有关系。

出货前用咖啡豆分拣器将咖啡豆按照大小或重量进行挑选，除去黑豆或碎豆等瑕疵豆。就这样，生产国根据自身所定的基准挑选出高品质的咖啡豆。

生豆专门店或者网上商店所售卖的咖啡豆中，经常可以看到"哥伦比亚的最高等级生豆'Supremo'"，或者"哥斯达黎加的最高等级——获得'SHB'等级的生豆"等介绍方式。"Supremo"或者"SHB"都是生产国标注的等级——将自己国家的最高品质咖啡豆与类型 D 里介绍的一般咖啡区分开来高价贩卖，以形成品牌效应。生产国不一样，这些等级标准也不同，例如中美洲是根据"产地海拔"（高海拔产地收获的咖啡豆由于温差大，生长得很好），哥伦比亚、坦桑尼亚、肯尼亚是根据"外形尺寸"（尺寸越大越好），巴西的标准相对详细，以"外形尺寸＋瑕疵率（异物的混入率越低越好）"来进行标注和品牌化贩卖（参考 P22～P23）。

了解产地海拔和尺寸等信息，对购买者颇有益处，虽然咖啡豆的高品质可以由此得到保障，但是，仅基于简介文字中对其"外观"和"产地环境"的评价，我们很难对咖啡豆独特的香气和口味有直观的了解。接下来向大家介绍的"精品咖啡"就是以"饮用者品尝到的味道"为基准的评价方法。

精制　　水洗处理法 ⫘ 日晒处理法 ⟶ 出货

静置　脱壳　挑选

\*P4～P6"生产工序表"的一部分

咖啡豆的挑选方法二

# 了解咖啡豆的附加价值

虽然价格便宜的咖啡豆某种程度上味道也不错，但是一般来说好喝的咖啡其豆子的价格都比较高。消费者给咖啡美味评级的倾向性越高，咖啡豆品牌化进程的推进也越快。咖啡豆到底带有怎样的附加价值呢？让我们来了解一下其中的分类以及评价标准吧。

近年来消费者们对各种咖啡豆的了解也越来越深入了

## "精品咖啡" "Cup of Excellence" 受到瞩目

在咖啡消费量居世界第一的美国，"从饮用者的角度对咖啡进行更简单的分级"的呼声越来越高。以 1982 年成立的美国精品咖啡协会为中心，从饮用者的角度，以重视 "口味 = 香味" 的基准展开的咖啡测评认定（相当于红酒以 "Tasting" 为基准的评价）："Cupping" 杯测达到 80 分以上的咖啡，可以被称为"精品咖啡"。

"精品咖啡"的评级会使生产者和为品质一直努力的庄园持续获得重视

以饮用者为中心的评级进入 21 世纪以后加速发展，从 1999 年开办的一年一度的名为 "Cup of Excellence" 的精品咖啡竞赛开始，尝试精品咖啡的评比。在竞赛中，评审们要对咖啡豆的芳香和风味、酸味和浓度，还有余味等细致的项目进行评分。获评高等级的咖啡豆在网上拍卖中标之后也能改变一些大型咖啡公司的垄断状态，保证公平性，这也是这个竞赛能受到高评价的原因之一。

获得高评价的咖啡豆各有特性，我们可以在实际品尝过后找出自己喜爱的咖啡豆

咖啡豆品质的金字塔示意图

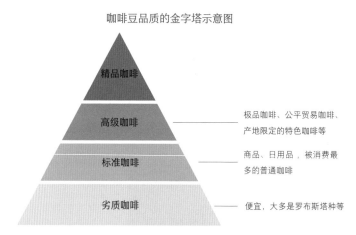

表示咖啡豆品质的各类名称，实际上并不止上图所归纳的这么简单，根据运送方法、保存时间、烘焙技术等的不同，咖啡豆的品质也会发生改变。此图仅作为直观理解参考

　　生产者或农庄为咖啡豆的生产付出了巨大的努力以及咖啡豆具备明显的地域特征，这两种评级的标准现在获得了越来越多的认可，根据此标准获得好评的生产者或农庄的名字会变成咖啡豆品牌销售到世界各地，这也是标注了生产者或农庄名字的咖啡豆越来越多的原因。消费者也能从咖啡豆的简介里更准确地了解咖啡，咖啡也终于能得到更加客观的评价了。得到高评价的咖啡豆各有特性，但不一定都能符合你的喜好。想在家品尝美味咖啡的人，相比于"生产国的评级"，更推荐你们选择获得"精品咖啡"认证的咖啡豆或在"Cup of Excellence"中获奖的咖啡豆。

# 精品咖啡"杯测"的评价标准概要

| | |
|---|---|
| 干净度 | 咖啡是否受到污染或产生瑕疵风味。干净的咖啡应当清晰地表现出种植地特性 |
| 甜度 | 采摘的合适熟度的咖啡豆,经过生产工艺处理而产生的甜味口感。由于烘焙后咖啡所含的糖分会发生变化,此项取决于各项工艺之间的均衡结合 |
| 酸质 | 评价咖啡中"明亮爽朗"或"纤丝细腻"的酸味,优质的酸味能给咖啡带来活力。此项评价酸味的品质,而非酸味强弱 |
| 体脂感 | 咖啡含在口中时所传达的触觉,包含了黏度、密度、浓度、重量、口感的光滑度、收敛触感等 |
| 风味 | 此项是区分精品咖啡和一般咖啡的重要指标。通过味觉和嗅觉的组合,明确地评价咖啡的种植地特性是否纯正 |
| 余韵 | 喝完咖啡后持续的风味。判断"残留的咖啡感"是否会随着甜度下滑而消失,是否有令人不快的刺激味道渗进来 |
| 均衡度 | 判断咖啡风味是否和谐,是否有突兀或欠缺的味道 |

以上概要由一篇发表在"日本精品咖啡协会"的文章里的部分内容归纳整理而成。精品咖啡的评价标准里对作为前提条件的"生产国本身的栽培管理、采摘、生产处理、挑选和品质管理是否适当""适当的运输和保存,没有变质状态下的烘焙,没有瑕疵豆混入的烘焙豆""恰当地萃取,杯测里能够充分展示出产地特征的出色风味"等内容也有记载。

第2章　挑选合适的咖啡豆研磨

21

# 各咖啡生产国的评级标准

## ▎巴西的评级标准

巴西咖啡以瑕疵豆点数和咖啡豆的尺寸大小作为评价标准来决定等级。

**咖啡豆实例**

# 桑托斯 No.2  19

> 计算方法是 300g 样本里发现石子或木片等大的混合物 1 个减 5 点，发现小的石子或木片、发酵豆等 1 个减 1 点。

| 缺点数 | | 咖啡豆的尺寸（颗粒大小） |
| --- | --- | --- |
| 4 点以下 | No.2 | S20（8mm） |
| 8 点以下 | No.3 | S19（7.5mm） |
| 26 点以下 | No.4 | S18（7mm） |
| 36 点以下 | No.5 | S17（6.75mm） |
| 46 点以下 | No.6 | S16（6.5mm） |

## ▌中美洲国家的评级标准

海拔越高品质就越好，这是中美洲评级采用的一般标准。

**咖啡豆实例**

# 危地马拉 SHB

| 海拔 | | 哥斯达黎加 | 危地马拉 | 墨西哥 |
|---|---|---|---|---|
| | 非常高 | SHB | SHB | 高海拔 |
| | | （1 200 ~ 1 700m） | （1 350m 以上） | （1 300m 以上） |
| | 高 | HB | HB | 中海拔 |
| | | （800 ~ 1 200m） | （1 200 ~ 1 350m） | （900 ~ 1 300m） |

## ▌哥伦比亚、坦桑尼亚、肯尼亚的评级标准

这三个国家都是只以咖啡豆的尺寸作为评级标准。

**咖啡豆实例**

# 肯尼亚 AB

| 尺寸 | | 哥伦比亚 | 坦桑尼亚 | 肯尼亚 |
|---|---|---|---|---|
| | 非常大 | Supremo | AA | A |
| | | （6.75mm 以上） | （7.14mm 以上） | （7.14mm 以上） |
| | 大 | Excelso | AB | AB |
| | | （5.5 ~ 6.6mm） | （6.0 ~ 6.75mm） | （6.0 ~ 6.75mm） |

咖啡豆的挑选方法三

# 了解烘焙度之后挑选

选购咖啡豆时，除咖啡豆品质之外，了解"烘焙度"也很重要。在实际喝咖啡的时候，咖啡豆的烘焙度在一定程度上决定了我们使用什么样的器具冲泡，或者所喝到的风味。因此，挑选合适的器具与合适烘焙度的咖啡豆可以说是冲出一杯好咖啡最重要的因素。

## 不同烘焙度的咖啡豆

### ▌浅度烘焙

**Light Roast**

**极浅烘焙**

极浅烘焙，烘焙出的咖啡豆是带有些许黄色的小麦色。因为没有咖啡特有的浓度、苦涩以及香气，所以几乎不拿来饮用。

**Cinnamon Roast**

**肉桂烘焙**

浅度烘焙，烘焙出的咖啡豆呈肉桂色，适合冲泡成不放砂糖和牛奶的黑咖啡。越是高品质的咖啡豆就越能品尝到鲜明的酸味。

### ▌中度烘焙

**Medium Roast**

**中度烘焙**

中度烘焙，烘焙出的咖啡豆呈茶褐色，能品尝到酸味和适当的苦味，最适合用于制作美式咖啡。

**High Roast**

**高度烘焙**

中高度烘焙，烘焙出的咖啡豆是微深的茶褐色，能形成均衡且温和的口味，是咖啡店里经常使用的烘焙程度。

### City Roast

**城市烘焙**

深度烘焙，烘焙出的咖啡豆呈深褐色，是咖啡店和家里使用最多的烘焙度。由于在纽约备受欢迎，因此被命名"城市烘焙"，这里的"城市"是"纽约城"的意思。

## 深度烘焙

### Full City Roast

**全城市烘焙**

极深度烘焙，烘焙出的咖啡豆稍显黑色，是人气很高的烘焙度，适合用来制作冰咖啡。炭烧咖啡所用的咖啡豆也是这一烘焙度。

### French Roast

**法式烘焙**

法式风味，烘焙出的咖啡豆接近黑色。因为是苦味很强烈的浓咖啡，所以很适合做成需要使用牛奶的花式咖啡。

### Italian Roast

**意式烘焙**

意式风味，烘焙出的咖啡豆最接近黑色，在日本用其制作的意式浓缩咖啡非常受欢迎，是能充分感受咖啡苦味的烘焙度。

| 浅度烘焙 | 深度烘焙 |
|---|---|
| **咖啡因** | |
| 多 | 很少 |
| **口味** | |
| 酸 | 苦 |

# 因烘焙度不同而产生的"风味"会根据时间变化而消退

因为咖啡生豆具有原始生涩苦味，所以不能直接饮用，但是通过烘焙加热之后的咖啡豆会产生独特的颜色和风味。根据烘焙程度的不同使得咖啡豆本身具有的风味特征更加突出——最终达到风味均衡的效果。而要达到这一效果，需要选择"合适的烘焙度"。加热温度低、加热时间短的烘焙程度是"浅度"，长时间的烘焙则是"深度"（此处的时间长短和温度高低是相对烘焙的专业标准而言）。

不同烘焙度的咖啡豆萃取时产生的味道不同，一般浅烘焙度的咖啡豆有很强烈的酸味和独特的香味，加入奶油和砂糖也不能压住这种强烈的味道，所以适合用来制作黑咖啡。如果要使用奶油的话，推荐植物性的温和奶油。咖啡店里的美式咖啡通常就多使用浅度烘焙到中度烘焙的咖啡豆。

## 烘焙度与咖啡因含量

人们经常会有"浅烘焙的咖啡豆所含的咖啡因比较少"的误解，实际上完全相反。用浅度烘焙的咖啡豆冲泡的美式咖啡所含的咖啡因相对较多，而使用深度烘焙的咖啡豆冲泡的意式浓缩咖啡所含的咖啡因较少。原因是浅度烘焙的咖啡豆因为烘焙导致的咖啡豆内部物质的变化较少。请记住"烘焙度越浅，咖啡因残留越多"。

深度烘焙让咖啡苦味更加明显是因为长时间的加热让豆子中心部位的成分更容易溶解，而中心部位所含的苦味成分较多，因而让苦味更加明显。

相反，深度烘焙的咖啡豆酸味变淡、苦味变浓，加上浓烈的醇香气味，即使放入奶油和砂糖也不会将其风味掩盖。

烘焙的程度细分的话有 8 个等级（参考 P24 ~ P25），但是有的制造商也将其分成 7 个等级。经过充分烘焙的咖啡豆，会膨胀变大，表面没有皱褶，有光泽度且颜色均一，这也是分辨优质烘焙豆的重要标准之一。

根据使用的器具、喜好的饮用方法和咖啡豆种类的不同，"合适的烘焙度"也会不一样，参考了第 3 章里介绍的不同器具和萃取方法以及对应的"合适的烘焙度"，第 6 章各种咖啡豆的项目栏里介绍的"合适的烘焙度"之后再购买咖啡豆，更容易找到符合自己喜好的口味。

因为烘焙过后的咖啡豆经过一段时间之后会变质，所以 2 个星期以内喝完是最好的。

如果使用了不新鲜的咖啡豆，在注入热水闷蒸时，就不会看见圆形的细密泡沫状隆起，注入的热水也不能将咖啡粉全部浸透。

在购买咖啡豆时，每天习惯喝 1 ~ 2 杯的人一次性购买 200g 比较合适，建议养成喝完再买的习惯。

# 美味大幅提升的脱因咖啡

越来越受瞩目的低因咖啡，现在在超市和便利店也能购买到

更有益于健康是低因咖啡越来越受欢迎的理由之一，尤其是更受女性的喜爱

　　近年来，在越来越多的场合都可以看见或者听见"脱因咖啡"这个词。脱因咖啡是指咖啡因被控制在最低限度的咖啡，也称低因咖啡。低因咖啡在日本的需求量逐渐增高也是近几年的事，在欧美则已经是占据咖啡市场销量 30% 的人气产品。

　　咖啡因的最大功效是使头脑兴奋，让人清醒。有研究结果表明，早上起床后喝杯咖啡能让人清醒，工作时饮用也能让人注意力集中。但咖啡因在人体内的半衰期是 3 ~ 4 个小时，睡前饮用咖啡会让人浅眠，而有些人则是咖啡因不耐受体质。

　　为了满足这些人的需求而制作的低因咖啡近年来人气变高，还因为它变得越来越美味。由于制作方法的改善，现在低因咖啡的口味和普通咖啡相比起来也毫不逊色。介意咖啡因的人或者睡前想喝咖啡（但又担心睡不着）的人请一定要试试看。

第 2 章　挑选合适的咖啡豆研磨

# 咖啡豆的研磨和保存

　　咖啡豆的研磨程度需要根据我们想萃取的口味和使用的器具来决定。同时，研磨好的咖啡粉如果接触到了空气容易变质，所以保存方法也十分重要。

# 了解咖啡粉的"研磨程度"

冲泡咖啡时，咖啡豆必须研磨成粉末状。直接出售咖啡粉的商店或在买入咖啡豆之后再将其研磨成粉的商店有很多，由于咖啡粉接触空气的面积大，和咖啡豆的状态相比变质速度更快，因此尽可能地在冲煮前再研磨。

## 细研磨会让咖啡中的成分快速溶化，粗研磨花费时间

将买回来的咖啡豆直接放入咖啡壶中，倒入热水，只能得到浅棕色的热水，是变不成咖啡的。

想要冲泡出一杯醇厚浓郁的咖啡，需要将咖啡豆研磨成粉末状——增加热水浸透的面积才能将成分萃取出来。

磨碎咖啡豆的过程叫研磨，研磨咖啡豆的工具叫磨豆机。

咖啡豆的研磨程度根据研磨后的颗粒粗细来划分，测量这种颗粒尺寸的工具叫作筛网。研磨程度基本分为细研磨、中研磨和粗研磨3种，近年来又新增了极细研磨和介于中研磨与粗研磨之间的中粗研磨，便分成了5种程度。咖啡粉被研磨得越细，其中的成分越容易溶化，而水的过滤速度就越慢。

这样的"研磨程度划分"和萃取器具的特点相结合，可以更容易地将咖啡豆的美味萃取出来。浓缩咖啡机作为萃取时间最短的器具，20～30秒就可以做好一杯咖啡，但是如果使用粗研磨的咖啡粉会因其中的成分不易被溶解，导致最终萃取出的咖啡浓度不足。而使用极细研磨的咖啡粉可以使其中的成分更容易溶解，同时，使用高压一次性萃取就可以解决过细的粉末过滤慢的问题。

使用的器具和研磨程度之间呈现的就是这样一种密不可分的关系。如果器具与研磨出来的咖啡粉不适配，冲泡出的咖啡味道就会不太美味，所以要特别注意。

在使用已有的器具时，还要了解用什么样的研磨方法最好，或者应该选择什么研磨程度的咖啡粉。请参考下面的介绍和 P42 ~ P43 的讲解之后再选择适用的研磨方法吧。

另外，研磨过后的咖啡粉如果常温放置，容易吸收湿气，逐渐酸化，萃取出来的咖啡风味也会不好。

因此，冲泡之前要养成适量研磨的习惯，用不完的咖啡粉的保存方法可参考 P34 ~ P35 的内容。

## 咖啡粉的颗粒粗细和适合的萃取器具

研磨程度

### ▎极细研磨

几乎呈粉末状的极细颗粒，适合专用的咖啡机（浓缩咖啡机）。由本文（参考 P29）所写理由可知，这是最适合意式浓缩咖啡的颗粒粗细。

### ▎细研磨

细颗粒，和砂糖差不多粗细。能使咖啡中的成分易于溶解，适合滤纸滴滤（梅利塔式）或者虹吸壶，由于细颗粒咖啡粉可以最大限度地萃取出咖啡豆中的成分，因此它最适合用来制作口感浓厚的咖啡。

**适合的萃取器具**

**适合的萃取器具**

摩卡壶

浓缩咖啡机

滤纸滴滤

虹吸壶

## ▌中研磨

粗细程度介于粗糖和砂糖之间，是最普通的颗粒尺寸。和滴滤式器具相配，最适合法兰绒滴滤法，因为这样可以让咖啡粉慢慢地、充分地浸透于热水中进行萃取。

**适合的萃取器具**

滤纸滴滤

法兰绒滤网　　　　虹吸壶

## ▌粗研磨

颗粒较粗，和粗糖差不多。这种粗细的颗粒比中粗研磨的颗粒更抑制苦味的发散，所以更加适合如渗滤壶等可直接加热萃取的器具。

## ▌中粗研磨

比粗糖颗粒略细。因为咖啡粉中的成分不太容易溶于热水，所以抑制了苦味的发散，高温萃取（使成分更容易溶化，苦味更容易发散）或者仅限高温使用的萃取器具用这种粗细的颗粒可以达到比较好的平衡。

**适合的萃取器具**

滤纸滴滤

法兰绒滤网　　　　咖啡机

**适合的萃取器具**

渗滤壶

法兰绒滤网　　　　咖啡机

咖啡豆的研磨和保存二

# 选取适合的器具研磨

在了解了研磨程度和器具的关系之后，我们就可以开始尝试研磨咖啡豆了。研磨咖啡豆的工具被称为"磨豆机"，分为手动式和电动式两种类型，电动式磨豆机也因其切割出的豆子形状的不同又分成两大类型。我们可以在了解各种磨豆机的优缺点之后再选择适合自己的那一款。

## 磨豆机的选择要考虑使用频率和自身性格

让人感到意外的是，磨豆机也会对咖啡味道产生较大的影响。如果研磨工具和研磨方法的使用不当导致咖啡粉颗粒粗细不均，倒入热水后就会出现萃取不充分，便很难得到我们想要的咖啡香气，也会使口味杂乱不均。

因为手动式磨豆机的圆锥状磨碎式齿轮可以保持研磨颗粒的粗细均匀，所以使用手动式的磨豆机更理想，但它比想象中更耗费体力，并不适合缺乏耐心的人。每天都喝咖啡的人更适合电动式，在养成喝多少磨多少的习惯之后，就可以每天都品尝到新鲜的咖啡了。

同样的磨豆机研磨出的咖啡粉，乍看之下颗粒差不多粗细，
细看的话，则会发现像这样颗粒不均匀的情况也很多

# 磨豆机的种类和特点

## ▌手摇式磨豆机

通过调整手柄根部的螺丝，可控制研磨力度，改变颗粒粗细，这需要一定的技巧，对于没用习惯的人来说，操作起来比较困难。和电动式的相比，更花时间和体力。研磨充分的话则会比电动式研磨得更均匀，研磨时也不易出现摩擦过热的情况，在咖啡爱好者之中很受欢迎。充分研磨的诀窍在于尽可能快而匀速地转动手柄，这样便不易出现颗粒粗细不均的情况。

2 000~1 万日元
（折合人民币 130 ～ 640 元）

## 电动式磨豆机

## ▌电动螺旋式磨豆机 ▶ 小型磨豆机

虽然是电动式，但实际价格和手动式差不多，甚至更便宜。优点是不挑地点，操作简单。但由于是螺旋平行旋转式切割，很容易研磨不均，研磨出的咖啡粉颗粒粗细度是最不理想的。因此，不同的机器会使用不同的方法来调整，比如研磨一段时间后暂停，充分摇晃之后再次研磨等。

2 000~1 万日元
（折合人民币 130 ～ 640 元）

## ▌电动锯齿式磨豆机 ▶ 商用/家用式

这类磨豆机运作时齿轮相互咬合，顺着一个方向进行研磨，相比于小型螺旋式磨豆机来说研磨得更均一，但因为机器厂家不同，质量也会有所差异。在商用中比较普及，作为家用来说也在可以承受的价格范围内，如果对咖啡的品质有较高要求的话，则极力推荐这款。另外，也有和手动式磨豆机操作原理一样的电动式磨豆机，但是价格很昂贵。

1 万日元左右
（折合人民币约 640 元）

咖啡豆的研磨和保存三

# 保存状态对味道有极大的影响

不重视对咖啡豆或者咖啡粉的保存，会导致咖啡的风味很快就变质，这大概也是很多咖啡的"宿命"之一。

买回来的咖啡豆怎样保存，研磨后的咖啡粉又如何保存，这里我们给大家提供了一些简单又便利的保存方法。

*利用冷藏或者冷冻的方法，咖啡豆可保存 1 周，咖啡粉可保存 3 天*

咖啡豆暴露在空气中，首先香味会消失，然后开始酸化。烘焙过后的咖啡豆，最佳饮用期限最长不超过 2 周。为了防止口味的变质和香气的流失，咖啡豆需要隔绝湿气、空气以及阳光，在低温状态下保存。在家里建议将咖啡豆装入密封性很好的容器中，放进冰箱里冷藏或冷冻保存。

尽可能地每次购买 1 周可以喝完的量。喝不完的情况下，就按照 1 周的量分别保存，将马上要喝的 1 周的量冷藏保存，剩下的则冷冻保存。咖啡豆可以在冷冻状态下保存 1 个月左右。

研磨好的咖啡粉很容易变质，最多保存 3 天。为了最大限度地保存香气，也需要将其放入密闭容器中冷藏保存。

经过冷藏或冷冻的咖啡豆（粉）处于低温状态，此时进行萃取会影响咖啡风味，一定要先让它恢复到常温。

**合适的保存方法**

**不合适的保存方法**

如果只用胶布粘贴保存，很快就会变质

放入密封袋后，将空气排尽；或者放入密封性
很好的容器里，冷藏或者冷冻保存

# 第 3 章

## 萃取香醇咖啡

本章将介绍咖啡的基本冲泡方法和如何有技巧地进行冲泡。

从容易上手的滤纸滴滤式器具到较专业的虹吸式咖啡壶，不同的器具萃取出来的咖啡各具特色、风味不一。另外，除了普通咖啡之外，也会介绍意式浓缩咖啡和冰咖啡等的基本冲泡方法。

# ⟨ 萃取条件导致味道变化 ⟩

目前为止我们介绍了影响咖啡口味的 3 个因素，即"咖啡豆原本的味道""咖啡豆的烘焙度"和"研磨程度"。那么接下来注入热水冲泡的"萃取"过程中有哪些因素会影响咖啡的味道呢?

## 萃取花费过多时间有损咖啡风味

当热水接触到咖啡粉时，浸透的过程就开始了。接着咖啡粉的成分就会从热水中被萃取出来，分享壶里便开始存蓄咖啡。

这个时候，咖啡粉的成分是如何被萃取出来的呢? 在热水刚刚注入时，咖啡粉中的成分会被大量萃取出来，之后持续地注入热水就只能萃取出有限的成分。极端点说，最初的闷蒸和第 2 次的萃取决定了咖啡味道的大方向，第 3 次的萃取就只是在"稀释浓度"了。

如果继续进行第 4 次、第 5 次热水注入的话，涩味和混浊的苦味以及一些刺激嗓子的味道就会被萃取出来，有损

咖啡原本醇香浓厚的口感（前几次萃取也有苦味物质，但那时咖啡粉中的成分和苦味结合会带来顺滑的口感，后续进行过度萃取反而让苦味变得混浊）。

因此，一般采用滴滤式的冲泡方法时，最后萃取剩下的热水不会留下，得到所需的咖啡量之后便停止冲泡是普遍的做法。

首先请把接下来要介绍的萃取的原理和对味道产生影响的 3 个条件记下来。

# 萃取中改变咖啡味道的 3 个条件

## ① 萃取速度

注入热水之后，咖啡粉中的水溶性的成分会一次性被萃取出来——闷蒸和第 2 次萃取之后几乎可以把水溶性成分都萃取出来，这其中包括咖啡所含的酸味、甜味和苦味。初学者通常由于"过于小心"，时间花费过多导致冲泡的咖啡过于苦涩——萃取时间过长会将涩味和刺激性味道也萃取出来，咖啡会变得异常苦涩。所以，合适的萃取速度非常关键。

一开始，水溶性成分 → 之后涩味
会被萃取出来　　　会释出

## ② 热水的温度

与用冷水浸泡麦茶包相比，用热水浸泡麦茶包，味道释出的速度更快。同样，在咖啡萃取的过程中，水的温度越高，萃取速度就越快；相反，水的温度越低，萃取速度就越慢。

这个原理和前面所说的"萃取速度"相结合可总结出：用高温度的热水萃取咖啡的时候，如果不在适当的时间停止，就会有苦涩的味道释出。

推荐使用不锈钢探针很长，可以放进咖啡壶中一段时间的防水温度计，图片中的温度计型号是 TANITA TT-533

## ③ 咖啡粉量

咖啡粉量不同的时候，萃取会发生什么变化呢？如右图所示，咖啡粉量多时，因为热水经过的距离比较长，所以萃取花费的时间比较多。

这里我们又要结合"萃取速度"来考虑了：由于萃取时间过长会导致咖啡味道异常苦涩，在咖啡粉量多的情况下，就应调整热水的注入方法使其往下流的速度更快一些。也可以结

通过距离

咖啡粉多，热水通过距离就长，萃取时间也会增加

通过距离

咖啡粉少，热水通过距离则短，萃取速度就快

合"热水的温度"来考虑：注入温度较低的热水，涩味就不太容易被萃取出来。

咖啡味道随萃取条件发生变化

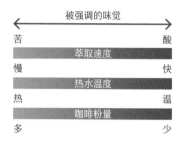

被强调的味觉

| 苦 | 酸 |
|---|---|
| 萃取速度 | |
| 慢 | 快 |
| 热水温度 | |
| 热 | 温 |
| 咖啡粉量 | |
| 多 | 少 |

# 精确测量会让咖啡味道更稳定

在向放好咖啡粉的滤杯里注入热水的时候，需要考虑一下前一页所介绍的3个条件，实际上第2章里介绍过的"烘焙度"和"颗粒粗细"也与咖啡成分的萃取难易有关，所以综合起来需要考虑的条件有5个。

比如，咖啡粉量多的时候，使用粗研磨的咖啡粉可以使涩味不容易被萃取出来。

要一次性将以上的5个条件理解透彻并不是一件容易的事情。我们可以根据P50介绍的基本顺序，从遵守标准的咖啡粉量、烘焙度、颗粒大小、温度等开始，按照基本做法反复实践。

在可以冲泡出口味表现稳定的咖啡之后，再通过提高注水温度或者增加咖啡粉量等，尝试着冲泡出符合自己喜好的咖啡。在这样不断试错的冲泡过程中，也能不断磨炼自己的萃取技艺。

因为萃取速度、热水温度和咖啡粉量这3个条件都和"测量"有关。因此时钟、温度计、电子秤等精确测量的工具在冲泡咖啡的过程中就显得很重要了。

最开始建议大家按照基本粉量精确地进行测量，并按标准的冲泡顺序进行冲泡，然后，尝试着调整，并记录下调整过后的粉量与时间、味道的关系，以利于今后技艺的精进。

## 咖啡粉量和萃取时间的精确测量

推荐使用沙漏计时器边计时，边萃取，因为这样可以通过观察沙子落下的情况计算剩余时间。咖啡粉量的测量则推荐使用能清晰显示数值的电子计量器。

# 〈 器具不同味道也不同 〉

　　即使使用同样的咖啡豆（烘焙度、颗粒粗细、分量都相同），不同的器具萃取出来的咖啡味道也各不相同。我们在了解了这些信息之后就能更好地了解所使用的工具，也能更快地掌握基本的萃取技术。

## 选择和自己想冲泡的味道相符合的器具

　　众所周知,咖啡的萃取器有很多种,存在多种萃取器具是因为不同的萃取器具能满足人们不同的口味需求。

　　各种各样萃取器具的出现就是为了让人们能品尝到更美味的咖啡。虽然有一些器具是因为"户外也可以冲煮"或者"想在短时间内冲泡"等用途而被

开发出来的，但能为大众所接受的原因还是这个器具萃取的咖啡"口味好"或者"只有这个器具可以萃取出这种独特口味"。因此，了解器具的特点就变得十分重要。当然，选择和自己想冲泡出的味道相符合的器具也很重要。可参考P42 ~ P43归纳的各种器具的特点。

## 滤纸滴滤 · 法兰绒滴滤的注水工具也很重要

　　滴滤式咖啡的热水注入需要诀窍:要使水流匀速且粗细没有变化地垂直注入。而能不费力地做到这一点的器具便是手冲壶。大多数情况下,手冲壶的壶嘴呈细长的曲线状,易于调整热水的注

入量,使壶里的水纤细流出。普通的水壶则很难调整水流的粗细,所以一定要使用手冲壶冲煮。这样,咖啡的味道会有明显的提升。

---

一壶两用

　　注水口纤细的烧水壶，也可以作为手冲壶使用。壶中热水沸腾时直接注水很方便，一壶两用也是其优点。

家用专业手冲壶

　　如果想品尝正宗的滴滤咖啡，推荐这款专业人员也在使用的注水口极细的手冲壶。

# 普通咖啡的萃取器具

## ▍滤纸滴滤

　　因为可以自由调整温度和萃取速度，所以呈现出的咖啡味道具有多样性。但也由于冲泡方法的不同会导致味道骤变，在没有习惯这种方法时容易冲泡失败。

　　掌握基本顺序，基本都可以冲泡出某种标准口味，而且容易购买、成本低也是滤纸滴滤的优点所在。滤纸破了或者坏了也可以随时在超市购买更换。

▲ **适合的颗粒粗细 = 中研磨 ~ 中粗研磨**

味道多样，谁都可以冲泡出标准口味

## ▍法兰绒滴滤

　　和滤纸滴滤一样可以随时调整温度和萃取速度。萃取时使用滤网绒毛立起的一面可防止粉末飞散，咖啡粉遇水膨胀后会产生浓厚醇香的口感。由于没有额外的过滤步骤，萃取液即作为成品直接饮用，所以要萃取出美味咖啡，热水的注入需要一定的技巧。

▲ **适合的颗粒粗细 = 中研磨 ~ 粗研磨**

适用于冲泡任何普通咖啡

## ▍虹吸壶

　　大部分依靠酒精灯加热，利用气压来萃取，跟以上两种滴滤式萃取相比"手艺"要求较少，由于技术导致口味不均的情况不多。

　　优点是冲泡完成后咖啡温度高且香气浓郁。按照基本方法冲泡的话，会比滤纸滴滤法冲泡出的咖啡口感更加轻快。

▲ **适合的颗粒粗细 = 细研磨 ~ 中研磨**

冲泡出的咖啡香气浓烈，口感浓厚、偏苦

# 意式浓缩咖啡的萃取器具

## ▍浓缩咖啡机

浓缩咖啡机是用 9 个大气压的高压将咖啡粉的成分迅速萃取出来的。它所使用的压力相当于 60kg 的重量，因为可以将咖啡粉中所有的成分全部萃取出来，所以冲煮出的咖啡口感浓厚。

与制作普通咖啡时需要时间来浸透咖啡粉相比，浓缩咖啡因为高压的原因，咖啡粉的浸透时间很短。浓缩咖啡机的目的是用压力将咖啡浓厚的口感呈现出来，所以不会产生普通咖啡那样的轻快口感。

**▲ 适合的颗粒粗细 = 极细研磨**

最适合制作意式浓缩咖啡的咖啡机，其他萃取器具都不适合

## ▍摩卡壶

摩卡壶直接用火加热,生成的蒸汽通过细管,利用气压将水推挤向上经过咖啡粉加速萃取。虽然压力没有浓缩咖啡机那么高，但冲煮出的咖啡也能产生浓郁的香气，被称为直火式意式浓缩。

因为是持续加热的高温萃取，所以苦味是其主要特点。也有人认为，长期使用同一个摩卡壶萃取同一种咖啡豆，使摩卡壶浸染同种类型的香气，萃取出的咖啡味道会更好。

**▲ 适合的颗粒粗细 = 极细研磨**

呈现出和咖啡机制作的咖啡不同的强烈苦味

# 冰咖啡的萃取器具

## ▍冰滴壶

冰滴壶是一种用低温水萃取的器具。因为是一滴一滴地萃取，所以花费时间较长。用低温水来萃取，减少了苦味物质的释出，使得咖啡的味道温和清淡。

因为须花费较长时间（2 ~ 3 小时）才能将必要的成分萃取出来，所以适合用来做口感均衡的冰咖啡。如果喜欢口感偏苦的冰咖啡，推荐用急速冷冻的方法，将冲泡好的普通咖啡迅速冷冻即可。

**▲ 适合的颗粒粗细 = 中研磨**

用低温水萃取出来的咖啡，味道温和芳醇

COFFEE

# 便利的咖啡机

说起咖啡机，人们最容易想到的就是可以用它来一次性冲泡多人份的咖啡，这可能是其最大的优点。近年来，咖啡机也由于使用方法上的改进而变得越来越便利。

咖啡机的分享壶很大，一般分为玻璃式和保温杯式两种类型。其中，保温杯式的咖啡机不会将咖啡煮干，并且可以抑制咖啡酸化，用它制作的咖啡即使在放置一段时间后再饮用，味道也不会变质得很厉害。

夏天用咖啡机制作冰咖啡非常便利。因为冰咖啡可以冷藏保存 2 天左右，所以用咖啡机一次性做好会节省不少时间。

咖啡机还有一个不太为人所知的优点，就是用它来制作咖啡，比较容易发现自己喜欢的味道。咖啡机自动注水相比手动注水更加稳定，在咖啡豆的种类、豆子研磨程度、咖啡粉分量、水的分量等不一样的情况下进行冲泡时，能保证注水稳定性的咖啡机是最合适不过的选择了。同样的道理，在尝试制作花式咖啡时，咖啡机也能带来不少便利。

近年来，制作精良的咖啡机纷纷上市，可以选择自己喜欢的款式

在业界首次采用空气压力萃取咖啡的机型——tiger 保温杯 ACQ-X020

Kalita 的经典机型 ET-102，其像花洒一样的热水注入方式会使咖啡更美味，一次可以提供 6 人份的量，其合理的价格也很吸引人

# 普通咖啡的冲泡方法

　　普通咖啡的冲泡方法有滤纸滴滤法、
法兰绒滴滤法和虹吸壶冲泡法。下面让我
们来掌握它们各自的特点和冲泡方法。

普通咖啡的冲泡方法一

# 滤纸滴滤法

滤纸滴滤法乍看之下很简单，但若想冲泡得很好却需要一定的技术。在不断地试错中，冲泡技术才会变得更好，通过不断地调节冲泡条件，来制作出符合自己喜好的咖啡。这是基本的萃取方法，最适合初学者，通过这一方法，我们能大概理解"咖啡的味道是如何形成"的。

## 记住器具的特质和基础的冲泡方法，再根据喜好微调

在第 1 章"味道的决定条件"中，我们针对萃取会对味道产生不小的影响进行了简单的介绍。

用滤纸滴滤法萃取因其器具简单，需要"人工"操作的部分更多，

自由度也相对较高。实际上，也正因为自由度较高，所以它才是"最容易感受到味道变化"的萃取方法。滤纸滴滤法很容易上手且花费很低，但是想冲泡得好却又很难，所以常被认为是一种充满乐趣的冲泡方法。

滤纸滴滤法根据使用器具的不同，萃取方法也不一样。而即使使用完全相同的萃取技术，不同的器具萃取出来的味道也会不同。我们可以在确认完 P48 ～ P49 总结的各种滴滤方法的特点之后，再选择与自己想喝的口味相符合的器具。选好了滴滤工具，注入热水后便开始萃取，接下来根据闷蒸的时间（10 ～ 50 秒）、热水的温度（92 ～ 96℃）、热水注入的速度（快或慢）、注水的旋转方法（中间或周边）等几项因素的不同，萃取出的咖啡味道也会不一样。比如，分别用 92℃ 和 96℃ 的热水冲泡，味道肯定会不一样，再加上研磨后的咖啡豆最后被萃取出了不同的潜在味道，呈现出的口感也会有所区别。冲泡完成后，咖啡在 65℃ 时饮用最佳——因为高温容易显苦，低温又容易显酸。虽然这些萃取方法没有绝对的规定，不同的人做法也会不一样，但还是存在共通的 "基本" 冲泡方法。

从 P50 开始，我们介绍了一些基本的冲泡方法，初学者根据这些方法也能萃取出不错的味道，并且按照这样的方法来操作不太容易失败，熟练之后再经过微调，就可以慢慢找出自己喜欢的味道。

准备的器具

手冲壶

分享壶

滤杯

滤纸

# 滤杯的种类和特征

代表性的滤杯有以下 4 种。

滤杯中孔的个数和肋槽的形状会让味道产生微妙的差异，基本上多孔的滤杯冲泡出的咖啡味道更清爽，而少孔的则口感更浓厚。了解它们各自的特性之后再选择适合自己的滤杯吧。

## ▍卡利塔式

▲ 口感鲜明清爽

梯形的滤杯底部有 3 个孔，内侧的肋槽（Rib）是长形的。这是卡利塔（人名）为了更快过滤而采用的方法。注入的热水通过内侧长肋槽可以直接流向咖啡粉，杯底的 3 个孔可以将咖啡液很快萃取出来，萃取出的咖啡口感清爽明朗。

杯底的孔数 =3 个

勺的容量 =10g

## ▍梅利塔式

▲ 口感浓厚深沉

梯形的滤杯底部有 1 个孔，内侧的肋槽位于中部。这是梅利塔（人名）为了让热水滞留"闷蒸"所采用的方法。因为肋槽的长度比较短，孔也很少，注入的热水在粉末中滞留之后便缓慢萃取，萃取出的咖啡有浓厚深沉的口感。因此，也只有这种滤杯适用细研磨的咖啡粉。

杯底的孔数 =1 个

勺的容量 =8g

## ▌哈里欧式

### ▲ 口感浓烈

　　圆锥形的滤杯底部有 1 个大孔，内侧的肋槽呈长线形、旋涡状分布。这种独特的设计使注入的热水自然流入中心。由于热水和咖啡粉接触的时间变长，咖啡粉中的成分就能更多地被萃取出来，形成浓烈醇厚的口感。

杯底的孔数 =1 个

勺的容量 =12g

## ▌KEY 水晶滤杯

### ▲ 口感浓厚均一

　　这是烘焙厂商 Key Coffee 制作的滤杯。圆锥形的滤杯底部有 1 个大孔，内侧是凹凸不平的 "钻石状切口"。注入的热水从中心开始均匀地浸透粉末，并沿着钻石状的切口呈 "Z" 字形缓慢下落，这样可以防止萃取不均，使咖啡浓醇的味道稳定地呈现出来。

杯底的孔数 =1 个

勺的容量 =10g

第3章　萃取香醇咖啡

# 用滤纸滴滤法冲泡

卡利塔式滤杯底部有 3 个孔，所以萃取的速度较快。如果感觉萃取出的咖啡口味比较清淡，可以通过多加入一些咖啡粉来调整味道。

哈里欧式圆锥形和旋涡肋槽的构造，使热水接触咖啡粉的时间变长，与其他滤杯相比，即使是同样分量的咖啡粉，萃取出的咖啡成分也更多。

## ▌卡利塔式、梅利塔式

准备梯形滤纸，注意和哈里欧式等使用的圆锥形滤纸的形状不一样。

### 滤纸的折叠方法

1.沿底部折叠。
2.将底部的折叠线反方向折叠，侧面正常折叠。注意若滤纸没折叠好，会使冲泡变得困难。

● **材料**（120ml/1 人份）

咖啡粉 ┃ 8 ~ 13g

热水 ┃ 130 ~ 150ml

[研磨程度]

中研磨 ~ 中粗研磨（梅利塔式用细研磨）

[合适的烘焙度]

高度烘焙 ~ 全城市烘焙

## ▌哈里欧式、KEY 水晶滤杯

准备圆锥形的滤纸，注意不要使用梯形（卡利塔式、梅利塔式）的滤纸。

### 滤纸的折叠方法

1.沿滤纸的侧面折叠，折叠重合的部分应正好和滤杯相贴合。

● **材料**（120ml/1 人份）

咖啡粉 ┃ 10 ~ 12g

热水 ┃ 130 ~ 150ml

[研磨程度]

中研磨 ~ 中粗研磨

[合适的烘焙度]

高度烘焙 ~ 全城市烘焙

1. 摆放好器具并用热水烫洗。

　　把滤杯套在分享壶上，用沸腾的热水将器具全部烫洗一遍，使其保持在温热状态。

2. 咖啡杯也需要烫洗。

　　将注入分享壶的热水倒入咖啡杯中，让咖啡杯也保持温热。

3. 放置好滤纸。

　　把滤纸放置在滤杯里，使其与滤杯贴合，把滤杯再次套在咖啡分享壶上。

**4. 放入咖啡粉。**

将咖啡粉放入滤纸内。

Point

一般咖啡粉的标准量是测量勺（10g左右）1勺（刮平），如果想要冲泡出的咖啡口味更加浓郁，就加大分量，将测量勺装满至隆起。具体分量可以根据自己的喜好进行调整。

**5. 轻轻地敲打使表面平整。**

用手轻轻地敲打滤杯，使咖啡粉表面平整。

**6. 在正中央挖出一个洞。**

用测量勺在咖啡粉的正中央挖出一个洞。

**7. 注入热水闷蒸。**

　　从洞的中心开始向外侧像画旋涡一样注入少量热水，将咖啡粉全部浸湿。热水的温度宜比沸腾时稍微下降些，在 92 ~ 96℃最合适，闷蒸 10 ~ 50 秒。

Point

　　要迅速地注入适量的热水，否则，咖啡粉就会由于得不到充分的闷蒸，释放不出应有的风味。

**8. 确认表面开始沉淀。**

　　在确认注入热水的咖啡粉停止膨胀并开始沉淀的时候，进行第 2 次注水。

9. 第2次注入热水从中心开始。

　　第2次注水先从中心开始，缓慢地向外侧画旋涡，到滤纸附近后再反过来向中心画旋涡，回到中心后停止。

Point

注意不要直接将热水倒在滤纸上。倒在滤纸上的热水不会流向咖啡粉而会直接流进分享壶，会导致味道不均。

### 梅利塔式滴滤

　　梅利塔式滤杯的优点是无须调整热水量和注水速度。闷蒸完成之后可将需要的热水量一次性注入，滤杯会自己调整萃取的过程，不需要进行第3次注水。

10. 确认表面开始沉淀。
　　确认咖啡粉膨胀的表面开始沉淀。

11. 反复滴滤至目标萃取量为止。
　　在得到所需的萃取量之前，用第2次注水的方式多次注水。

**12. 迅速拿走滤杯。**

　　在得到所需的萃取量之后，立刻停止注水，并迅速撤走滤杯，以防止咖啡持续不断地滴落。

Point

　　即使滤杯内还有咖啡残留，也要迅速将其撤走。待其完全滴滤干后，咖啡颜色会变浑浊，产生杂味和涩味。萃取后应检查滤杯中的咖啡粉沉淀的情况，如果中心凹陷、周围呈堤坝状，则证明萃取充分。

**13. 把咖啡倒入咖啡杯。**

　　将步骤 2 中仍存蓄在咖啡杯中的热水倒掉，再注入咖啡。1 人份的量大约为 120ml。

**14. 完成。**

　　咖啡冲泡完成。

# 滤纸滴滤的冲泡技巧

记住滤纸滴滤法的基本操作，能稳定地冲泡出美味咖啡之后，就可以根据目标合理地调整萃取方法了。这种操作上的自由度正是滤纸滴滤法的魅力所在。

## ▌点滴法萃取

之前介绍了基本的注水方法，接下来介绍一下改变节奏的"点滴法"。

这是将法兰绒滴滤的注水法简单调整之后应用在滤纸滴滤上的方法，通过重复"正常注水→热水滴落"的过程让咖啡粉中的成分更容易被萃取出来。因为萃取出的风味比较稳定，所以较适合用来萃取烘焙之后放置了一段时间的咖啡豆，或在少量萃取时使用。

**1. 和平常一样闷蒸。**

最初的闷蒸和平常一样进行30秒左右。

**2. 把握好节奏"正常→滴答滴答"。**

在第一次萃取后的数秒内，将手冲壶稍稍往上提起，让热水以"滴答滴答"滴落的方式注入。这种"正常→滴答滴答"的节奏应持续3～5秒。

**3. 重复4次左右。**

将"正常→滴答滴答"连续有节奏地重复4次左右，得到所需的萃取量之后结束注水。

## ▍独特风味萃取法

咖啡豆所含的香气成分目前已知的就有900多种，根据豆子的特性和烘焙方法的不同，香味也不同，享受各种各样的香味便成为喝咖啡的乐趣之一。咖啡豆特有的香味类似水果香或花香，也有以品味香气为目的的冲泡方法，特别是拥有风味独特的豆子时，一定要试一试。

1. 使用高温热水。

准备 97～98℃的热水，用高温快速萃取，这样能让挥发性的香气更加突出。

2. 用热水浸透全部咖啡粉末闷蒸。

闷蒸时，用热水浸透全部咖啡粉末（注意不要浸湿滤纸）。之后的步骤和基本的滤纸滴滤法一样。

3. 萃取后尽快饮用。

因为咖啡中萃取出来的芳香物质挥发得很快，所以需要尽快饮用。

## ▍精华萃取法

这是尽可能地将咖啡豆所含成分萃取出来的方法。在很多情况下都可以使用，比如想品尝浓厚口味的咖啡时，想用热水稀释调整咖啡浓度时，想做冰咖啡时，或者想制作咖啡果冻时。

1. 使用深度烘焙的咖啡豆。

为了使咖啡豆的成分更容易被萃取，要使用深度烘焙的咖啡豆。加热过后的豆子会膨胀，研磨后更容易被热水浸透，成分更容易被萃取出来。

2. 研磨程度为细研磨。

使用细研磨的咖啡粉可以增加水与咖啡粉接触的表面积，从而更容易让热水渗透。

3. 闷蒸时间延长至 40～50 秒。

闷蒸时，将平常的 10～30 秒，延长至 40～50 秒，并尽可能在最初的闷蒸状态下萃取出精华，之后的顺序就和基本的滤纸滴滤法一样。由于热水越多，咖啡的浓度越淡，所以在得到所需的萃取量之后，就应停止注水。

普通咖啡的冲泡方法二

# 法兰绒滴滤法

　　在咖啡爱好者中深受好评的法兰绒滴滤法，可以将咖啡豆拥有的潜在风味最大限度地萃取出来，冲煮出具有浓厚醇香口感的咖啡。有人认为它比滤纸滴滤法更高级，但是也更花费工夫。

容易萃取出含甜味成分的油脂，易产生醇厚的口感

　　用法兰绒滴滤法充分萃取的咖啡，拥有别的萃取法无法比拟的均衡口感，因此，"比滤纸滴滤法更高级"的说法也被很多专业人士所认同。

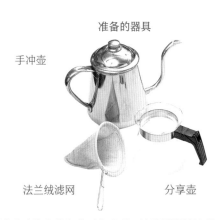

准备的器具

手冲壶

法兰绒滤网                          分享壶

为什么用法兰绒滴滤法冲泡出的咖啡更美味呢？法兰绒滴滤法是指使用含有法兰绒棉的布袋，加上不锈钢手柄等做成的法兰绒滤网进行滴滤的一种方法。棉和滤纸相比，网眼较粗，更容易萃取出让咖啡散发甜味的油脂成分。表面上看，较粗的网眼似乎会导致咖啡受热不均匀，事实并非如此——法兰绒富有收缩性的厚实质地和绒毛会将咖啡粉全部卡住，让咖啡粉得到热水的充分浸泡。检查萃取后的滤网会发现，与滤纸不同，柔软的咖啡粉布满滤网，这是水流缓慢通过，咖啡粉得到充分浸泡的证据，这样才能把美味成分完整地萃取出来。

但是，滤纸底部有滤杯做支撑，而法兰绒没有——它只是一层滤布。因此，热水的注入手法会直接影响萃取结果：注水太快将导致咖啡味道寡淡，注水太慢又会让味道过于浓厚，如果把热水直接倒在布面上，它还会穿过布面混进萃取液。所以这种萃取方式对于手艺的要求很高，需要花不少时间来掌握。"工欲善其事，必先利其器"，接下来让我们看看需要做哪些事前准备（参考P60）。

## 单手也能使用的便利工具

能萃取出咖啡独有的风味，让人们能享受微妙味道变化的法兰绒滴滤法，其基本操作是要用手同时握住壶和滤网进行冲泡，两只手同时操作可能会让人感到很不方便。对此不习惯的人可以使用带支架台的法兰绒滤网，或者使用附带分享壶的一体化器具，这样的话单手也可以进行萃取。大量萃取的时候操作起来会轻松很多，不妨试试看。

有支架台的话，可以单手冲泡

外形时尚的附带玻璃框架的类型

# 法兰绒滤网的使用注意事项

**▌必须在潮湿的状态下保存**

法兰绒滤网在使用过程中最重要的就是其保存方法，绝对不能让其变得干燥，干燥后绒布上残留的油脂成分和空气中的氧气发生反应，会散发出难闻的气味。因此，如果用干燥的法兰绒滤网萃取，咖啡的醇香就会变成很奇怪的味道。法兰绒滤网在使用过后需要迅速将两面都用水好好冲洗：把残留的咖啡粉冲掉后用力拧干滤网，然后将滤网浸泡在干净的水里——2～3天都不使用的话需要每天换水。如果使用频率更低，就须将浸湿的法兰绒滤网直接装入塑料袋冷冻保存。

**▌和咖啡粉一起煮完后再使用**

在使用新的法兰绒滤网前，要先将它和咖啡粉一起放进锅里加水煮，让黏附在法兰绒上的糨糊完全脱落。不然，之后冲泡咖啡时会沾染上糨糊的味道，就不能享受到咖啡本来的风味了（用来煮滤网的咖啡粉即使是萃取过的也可以）。将冷藏或者冷冻保存的法兰绒滤网再次拿出来使用时也同样需要进行这一步骤。

**▌不能再萃取出喜欢的味道时就更换**

法兰绒滤网虽然可以反复使用，但是当绒布变黑或者萃取出的味道比之前浓稠时就需要更换了：由于咖啡粉堵塞了网眼，绒布变黑，导致萃取速度变慢，因而萃取出的咖啡口味变得更为浓稠。通常情况下，只需将绒布更换即可，但是也有滤网整体都需要更换的情况，要注意区分。

# 用法兰绒滴滤法冲泡

虽然是需要高度技巧的萃取法，但是呈现出的味道确实更上一层。冲泡时需要格外注意注水这一过程。

● **材料**（120ml/1 人份）

咖啡粉 | 10 ~ 13g

热水 | 130 ~ 150ml

[ 研磨程度 ]

中研磨 ~ 粗研磨

[ 合适的烘焙度 ]

高度烘焙 ~ 全城市烘焙

## 1. 确认法兰绒滤网的内外侧。

仔细确认法兰绒滤网的内外侧，如弄反了会影响萃取结果。

外侧
接触空气的一面是外侧

内侧
在这一侧放入咖啡粉和注入热水

## 2. 清洗法兰绒滤网。

将法兰绒滤网放入干净的水里浸洗。

> Point
>
> 法兰绒滤网需常保持潮湿的状态。为了防止其干燥，如需每天使用则用水浸泡保存，不经常使用就放入塑料袋冷冻保存。冷冻保存的滤网需要和咖啡粉一起煮后才能使用（参考 P60）。

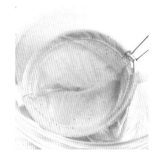

## 3. 用力拧干法兰绒滤网的水分。

将法兰绒滤网从水中拿起来，用力拧干。

4. 倒入咖啡粉。

　　将咖啡粉倒入法兰绒滤网中。

5. 使表面平整。

　　用手轻敲滤网边缘，使咖啡粉表面平整，然后套在分享壶上。

6. 注入热水闷蒸。

　　从中心开始向外侧像画旋涡一样地注入热水，直到将咖啡粉全部浸湿。

7. 确认表面浮起泡沫。

　　注入热水后，咖啡粉沸腾的表面开始沉淀，当有泡沫浮起时进行第2次注水。

8. 第2次注水需缓慢。

　　第2次注水，在中心稍微多倒入一些水后缓慢地画"の"字，让咖啡粉膨胀起来。

9. 确认表面开始沉淀。

　　在咖啡粉沸腾的表面开始沉淀之后，开始第 3 次注水。

10. 第 3 次注水。

　　第 3 次注水，从中心开始缓慢画 "の" 字，得到所需的萃取量之后停止。

11. 迅速拿走滤网。

　　达到萃取量之后停止注水，在咖啡液继续滴落之前迅速拿走法兰绒滤网。

Point

　　即使滤网里还残留有咖啡液也要迅速拿走，如果等到咖啡液滤干，则咖啡颜色会变得浑浊并且产生杂味和涩味。

12. 倒入咖啡杯。

　　将分享壶里萃取好的咖啡倒入咖啡杯后就完成了。

普通咖啡的冲泡方法三

# 虹吸壶冲泡法

虹吸壶装饰性强，既时尚又专业。冲泡过程中，光观看烧瓶中的水在沸腾之后上升，浸泡咖啡粉，萃取出咖啡液向下滴落的过程就十分享受，何况萃取出的咖啡还美味无比。

咖啡粉的品质影响口味，容量合适的器具和计时器能让味道稳定

在咖啡店的柜台等地方经常可以看见专业感极强的虹吸壶。虹吸壶确实部件比较多，乍一看好像很复杂，但是因为萃取出来的味道比较稳定，所以其实是推荐初学者使用的器具。

虹吸壶的工作原理是在上部旋转瓶里放入咖啡粉,在下部烧瓶里放入水加热至沸腾,气压使热水上升到旋转瓶内浸透咖啡粉,随后萃取出咖啡液,停止加热之后气压下降,通过连接上下瓶身的过滤器,咖啡液最终流入烧瓶中。

虹吸壶冲泡和滤纸滴滤、法兰绒滴滤不一样,不怎么需要"手艺",所以在冲泡方法正确的前提下,冲煮出的咖啡味道差距不会太大,但仍然有需要注意的地方。

**准备的器具**

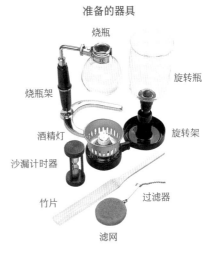

烧瓶
旋转瓶
烧瓶架
酒精灯
旋转架
沙漏计时器
竹片
过滤器
滤网

第一,要加入和器具大小相符的咖啡粉量。大尺寸的器具里若只放入少量的咖啡粉冲泡,会导致咖啡的味道不均。因此,购买时要注意虹吸壶的大小应与经常饮用的分量相符。如果一定要用大容量的虹吸壶冲泡少量咖啡的话,在最初将水加入烧瓶中时,水量要远远少于正常情况下所需的量,这样冲煮出的咖啡味道更稳定。

第二,不需要"手艺"的部分,包括"咖啡粉量""烘焙度""研磨方法"等要素,但因为这些方面都对最后呈现的味道影响很大,所以要在确定自己想喝的咖啡口味之后再准备咖啡粉。顺便提醒一下,由于虹吸壶在萃取时温度很高,所以萃取出的咖啡口味偏苦。

第三,严格遵守操作时间,用竹片彻底搅拌,这样就不容易让味道出错。

上部装好咖啡粉,竹片要提前备好

最后一点是,过滤的过程和法兰绒滴滤法一样,处理滤网时不谨慎的话会导致咖啡香气发生变化。具体可参考 P70 的说明。

# 用虹吸壶冲泡

利用虹吸壶冲泡成功的话，会产生令人惊喜的美味。

虹吸壶冲泡的重点包括滤网的处理、竹片搅拌的时机，还有须严格控制时间。

● **材料**（240ml/2 人份）

咖啡粉 | 20 ~ 26g

热水 | 260 ~ 280ml

[ 研磨程度 ]

细研磨 ~ 中研磨

[ 合适的烘焙度 ]

高度烘焙 ~ 全城市烘焙

\* 美式咖啡用中度烘焙

**1. 烧瓶里注入温水。**

在烧瓶里注入比标准量稍多的温水（常温水也可以），因为要考虑到之后蒸发掉的水分和咖啡粉吸入的水分。

**2. 将温水加热。**

酒精灯点火后，将温水加热。

Point

通常酒精灯的火焰高度约为 2cm。烧瓶外侧有水滴会导致烧瓶破碎，所以在准备烧瓶时一定要将瓶身外的水滴擦干。

**3. 滤网洗净后将水挤干。**

将套上滤布的过滤器用清水洗净后，再用手将水挤干。

Point

滤网的处理和法兰绒滤网一样（参考 P60），需在潮湿的状态下保存，新的滤网或者冷冻过后的滤网需放入锅中，加水和咖啡粉煮后再使用。

4. 将过滤器的弹簧管插入虹吸管。

　　将过滤器的弹簧管插入旋转瓶下的
管道中。

5. 将过滤器拉出管道并固定。

　　将穿过管子的过滤器弹簧拉长至虹吸
管前端并固定好。

6. 倒入咖啡粉，将表面整平。

　　在旋转瓶内放入咖啡粉，用手轻敲或者
轻摇使其表面平整。

7. 将烧瓶与旋转瓶固定。

　　烧瓶内产生水蒸气后，将酒精
灯移开，将旋转瓶插进烧瓶中。确
认旋转瓶和烧瓶固定好后，再将燃
烧的酒精灯移回到烧瓶下。

Point

　　注意热水的温度，若过低的
话会使热水上升缓慢，导致萃
取出的咖啡味道过于浓厚。

8. 热水上升至旋转瓶内。

　　静候一段时间后，烧瓶里的热水就会上升至旋转瓶内。

9. 烧瓶内的水上升一半之后开始搅拌。

　　待烧瓶内的热水有大约一半上升至旋转瓶后，用竹片搅拌咖啡粉 6 ~ 8 次。注意竹片不要碰到滤网。

10. 烧瓶内的热水上升一大半之后再次搅拌。

　　待烧瓶内的水一大半都上升至旋转瓶内时，再次用竹片搅拌 6 ~ 8 次。

11. 搅拌完成后等待 1 分钟。

搅拌完成后静候 1 分钟。

12. 1 分钟后移开酒精灯。

等待 1 分钟之后，将酒精灯移开，把火熄灭，再次用竹片搅拌 6 ~ 8 次。

### Point

这里的搅拌速度会影响最后成品的味道：搅拌太慢的话会增添苦味，太快的话又会使酸味过于突出。

13. 等待咖啡液滴落。

搅拌完成之后，等待旋转瓶中的咖啡液全部滴落至烧瓶中。

### Point

搅拌完成的同时咖啡液开始滴落是最好的，把握好这个时机能让最后旋转瓶内残留的咖啡粉呈圆形山丘状。等到咖啡粉变平的时候，咖啡液就开始变涩，不好喝了。

14. 将咖啡倒入咖啡杯。

将烧瓶和旋转瓶分开，把烧瓶内的咖啡液倒入咖啡杯中。

# 虹吸壶滤网的缠绕方法

1. 将滤布起毛的一面作为外侧裹在过滤器上。

2. 挤压过滤器的中心，抽出细线，将滤布的皱褶聚拢，包裹住过滤器。

3. 包裹完成后，将绳子打结塞进滤布内侧。

4. 将包裹了滤布的过滤器放入锅里，用热水和咖啡粉一起煮过后再使用。

# 虹吸壶滤网的使用注意事项

## 注意事项 1

### 潮湿的状态下保存，和咖啡粉一起煮过后使用

虹吸壶滤网的保养方法和法兰绒滤网的保养方法基本一样（参考 P60）。新的滤网和冷冻过后的滤网都要放进锅里用热水和咖啡粉煮过后再使用，而且要始终在潮湿的状态下保存。

## 注意事项 2

### 不能再萃取出喜欢的味道时就更换

虹吸壶滤网的更换时间也跟法兰绒滤网一样。网眼堵塞、滤布变黑之后会影响萃取的味道。所以当不能萃取出喜欢的味道时，就可以更换滤网了。

# 意式浓缩咖啡的冲泡方法

意式浓缩咖啡最大的魅力是有着浓厚醇香的口感。

下面将介绍在家也能做出纯正意式浓缩咖啡的胶囊式浓缩咖啡机，以及咖啡爱好者们喜欢的摩卡壶。

意式浓缩咖啡的冲泡方法一

# 浓缩咖啡机冲泡法

　　近年来，想在家品尝正宗意式浓缩咖啡的人越来越多。最不费力的冲泡意式浓缩咖啡的方法就是使用浓缩咖啡机。冲泡出的咖啡味道比较稳定是浓缩咖啡机的优点，当然，机器性能不一样，最后冲泡出的味道也会不一样。

## 用高压迅速萃取出浓厚咖啡，机器性能决定味道差异

　　用浓缩咖啡机制作的意式浓缩咖啡拥有正宗的口味。近年来，很多价格适中、操作简单的家用浓缩咖啡机正逐步推向市场，因此，在家品尝意式浓缩咖啡的人也越来越多。

冲泡出美味意式浓缩咖啡的诀窍是使用高压萃取。

一般来说，7g 极细研磨的咖啡粉用 9 个大气压的高压蒸汽，可以萃取出约 30ml 的意式浓缩咖啡，萃取时间大约 30 秒。制作过程中需要注意的重点是怎样用高压蒸汽迅速萃取。

浓缩咖啡机中，也有装有蒸汽喷嘴的便利机型，可以用来制作类似卡布奇诺等需要用到蒸牛奶和奶泡的花式咖啡。

用机器冲泡时，咖啡粉量和研磨方法等可以对味道进行微调整，但决定因素（气压、注水方法等）几乎都是机器本身的性能。购买时如果可以试用的话，尽量选择能制作出接近自己口味喜好的机器。

需要准备的器具

浓缩咖啡机

家用浓缩咖啡机大致分为两种，一种是大受欢迎的 1 万日元左右（约人民币 650 元），性价比很高的机器，还有一种是 2 万日元左右（约人民币 1 300 元），包含很多功能的机器。也有一些因为功能太多而使操作变得困难的机器，在购买时需要了解清楚。

现在面向家庭的浓缩咖啡机中，需要自己准备咖啡粉萃取的老式机型越来越少，取而代之的是市场占有率超过大半的胶囊式咖啡机。胶囊式咖啡机操作简单，制作出的咖啡味道也很正宗，很值得推荐。

## 浓缩咖啡的美味凭证"克里玛"

利用压力进行快速萃取的浓缩咖啡机所冲泡出的意式浓缩咖啡，表面一定会产生泡沫。这种泡沫被称作"克里玛"，可以通过克里玛的好坏来判断冲泡是否成功。好的克里玛表面平整且厚度适宜，而且放置一段时间不会消失。判断克里玛好坏的方法是在上面铺上砂糖，好的克里玛可以让砂糖停留一下，不好的克里玛会让砂糖立刻沉淀。

如果砂糖可以在克里玛上停留一下，不沉下去的话就是"好的克里玛"

克里玛的厚度如图所示

# 浓缩咖啡机的种类

近年来，供家庭使用但是没有商用咖啡机那么精致的浓缩咖啡机逐渐上市。家用的浓缩咖啡机中，胶囊式咖啡机（下图所示）成为主流。

**▌家用浓缩咖啡机**

**▌商用浓缩咖啡机**

**▲ 也讲究内部设计**

专为想要在家轻松享受意式浓缩咖啡的人们开发的小型咖啡机。以前有"家用咖啡机制作出的咖啡，口味比不上商用咖啡机"的说法，但是现在出售的经过改良的家用咖啡机不仅不逊色于商用咖啡机，有些甚至还优于商用咖啡机。

**▲ 可以满足各种细微要求的专业器具**

面向专业人士开发的咖啡机。有可以手动微调萃取时间和压力等功能，也有复杂的需要专业操作的功能，可以萃取出一些有特殊精细要求的味道。还有装有 4 个萃取器的大型机型等。

### 便利的咖啡粉压粉器

　　浓缩咖啡机和摩卡壶（参考 P78～P79）萃取的要点都在于将咖啡粉用力压平，使其表面平整均匀（P79 的第3步）。这道工序里最便利的工具就是压粉器。浓缩咖啡机里大多用压榨器代替压粉器，压榨器的使用很方便，但偶尔也有难用的时候。这种时候就用压粉器吧。压粉器有各种各样的类型，推荐初学者选用自带重量的类型。压粉器自身的重量有助于将咖啡粉压平，使用起来也很方便。

选择拿握舒适的压粉器。摩卡壶几乎不会附带压粉器，所以一定要记得单独购买

### 专用磨豆机和咖啡包

　　意式浓缩咖啡因为需要专用的极细研磨的咖啡粉，所以以前几乎都是直接使用在店里研磨好的成品，但是，最近开始贩卖的各种磨豆机也能研磨出极细颗粒来满足意式浓缩咖啡的需求了。想要品尝正宗意式浓缩咖啡的人，在家努力掌握好怎样使用专用的磨豆机吧。

　　相反，想要更简单地享用意式浓缩咖啡的人则推荐使用咖啡包。咖啡包是将1杯浓缩咖啡使用的粉量（约7g的咖啡粉）用纸包包住，并用适当的压力挤压成形，不仅使用了研磨程度最佳的咖啡粉，而且还不需要挤压的工序，让初学者也能轻松享受到意式浓缩咖啡的美味。

用滤纸包裹住的咖啡粉包

意式浓缩咖啡所用的咖啡粉是用这种可以极细研磨的专用磨豆机研磨出来的

第3章　萃取香醇咖啡

75

# 操作简单、口味正宗的胶囊式咖啡机

　　使用时须将咖啡粉放进冲煮把手的家用咖啡机近年来越来越少，取而代之的是现如今大受欢迎的胶囊式咖啡机。目前市面上销售的浓缩咖啡机大部分都是胶囊式咖啡机。

　　胶囊式咖啡机因可以轻松地做出口味正宗的浓缩咖啡而大受欢迎。适用这种机器的咖啡粉是在胶囊状态下出售的，因为是密闭保存，所以在冲泡时味道有保证，不会很快变质。1 个胶囊正好是 1 杯的分量，因此，不会造成浪费也是其受欢迎的原因之一。由于意式浓缩咖啡萃取时的压力会影响到成品的味道，所以高压萃取的机型也陆续开始登场，还有可以冲泡出强烈香气的改良版机型。

　　咖啡胶囊容易购买到也是其普及的原因之一。以前只有雀巢公司会售卖咖啡胶囊，现在别的品牌也开始陆续出售咖啡胶囊。现如今还可以买到无因咖啡、有机咖啡、红茶和香草茶胶囊等，我们可以根据自己的心情、喜好品尝到更加丰富多彩的味道。

加入热水和咖啡胶囊，按下按钮后 30
秒左右，一杯意式浓缩咖啡就做好了。
极具设计感的机型也有很多

现在越来越多的品牌开始销售咖啡胶囊。除此之外，也
可买到红茶、香草茶等的胶囊

意式浓缩咖啡的冲泡方法二

# 摩卡壶冲泡法

摩卡壶又被称为直火式浓缩咖啡机，在原产地意大利，这种器具冲泡出来的咖啡被称作"摩卡咖啡"，虽说它和意式浓缩咖啡有一定的区别，但从味道上来说，它和意式浓缩咖啡一样的浓郁醇厚。

## "浓缩咖啡类"常有独特的浓郁风味

意式浓缩咖啡机利用高压蒸汽加速萃取，摩卡壶使用煮沸的热水萃取咖啡，两者的冲泡原理不同，摩卡壶的冲泡原理与虹吸壶相似。

摩卡壶冲泡出的咖啡味道和浓缩咖啡机冲泡出的有些许不同，但是若习惯之后就越来越能品味出其不逊色于咖啡机的独特风味。摩卡壶的容量有2人份的和4人份的，请根据平时的冲泡量选择合适的器具。

在日本，冲煮意式浓缩咖啡就意味着使用极深烘焙度的咖啡豆，但是在用摩卡壶冲泡时，由于热水沸腾后的高温会使得咖啡的苦味更加明显，所以使用稍浅烘焙度的咖啡豆比较合适。冲煮时，用小火煮3～5分钟，听到"咕嘟咕嘟"的声音时，萃取就完成了，注意加热过度会使咖啡变得很苦。

摩卡壶的保养并没有那么困难，因为其构造简单，所以不怎么会出问题。使用后只要用水冲洗干净就可以了，在意大利，还有长期使用同一个摩卡壶萃取同一种咖啡豆，使摩卡壶在咖啡的持续浸染下"自带香味"的做法，这样的壶便被称为"我的专属摩卡壶"。但如果长期不使用的话，须用洗洁精将摩卡壶清洗干净，这样才能保证卫生，使用起来也比较放心。

各部件的名称

上壶

压粉器

下壶

粉槽

摩卡壶的侧切面

## 摩卡壶的萃取原理

直火式的构造使下壶里的热水在蒸汽压的作用下上升，并迅速通过盛有咖啡粉的粉槽，最后在上壶中喷出咖啡液。利用蒸汽压在短时间内萃取，可以产生像浓缩咖啡一样独特的风味和浓厚的口感。只是因为压力没有那么高，所以最后产生不了浓缩咖啡机冲泡后的泡沫（克里玛）。需要大家注意的是，使用2～3人份以下分量的小型摩卡壶时，将壶直接放在火炉上会有危险，所以一定要用网架等器具将壶固定好后再使用，当然，也可以购买专用的炉架。

1. 加入浓缩咖啡所需要的咖啡粉和水之后，将摩卡壶置于火炉上。

2. 下壶里沸腾的热水在蒸汽压的作用下会上升，并迅速通过装有咖啡粉的粉槽。

3. 通过粉槽的热水就是浓缩咖啡液，最终会留在上壶里。

# 用摩卡壶冲泡

磨卡壶冲泡的重点在于火力强弱的控制和点火的时间。在冲泡出自己喜欢的味道之前，请多尝试几次。

● **材料**（60ml 左右 /2 人份）

咖啡粉 ｜ 14g

热水 ｜ 150ml

[ 研磨程度 ]

极细研磨

[ 合适的烘焙度 ]

全城市烘焙 ~ 意式烘焙

**2. 放好咖啡粉。**

在粉槽里放入咖啡粉，并将粉槽套在下壶上。

> **Point**
>
> 使用意式浓缩咖啡专用磨豆机研磨的极细咖啡粉。

**1. 把水倒入下壶。**

在下壶内倒入约 150ml 的水（或者温水）。由于水分会蒸发和被咖啡粉吸收，所以加入的水量要比标准量多出很多。

**3. 将咖啡粉表面挤压平整。**

使用压粉器将放入粉槽的咖啡粉从上往下挤压，用力使其变得妥帖平整。

**4. 放上火炉后点火。**

　　将上壶和下壶用力拧紧，放上火炉之后打开壶盖，开始点火，一开始使用大火。

Point

　　为了避免壶放不平稳，可在壶底部放上炉架或者网架。

**5. 咖啡涌上上壶之后盖上盖子。**

　　当中央的管子里涌上咖啡液时，为了防止咖啡液飞溅，盖上壶盖。

**6. 冒出蒸汽的时候关火。**

　　当注水口有蒸汽出来时，关火。

**7. 倒入咖啡杯。**

　　将壶里的咖啡倒入咖啡杯后即可饮用。

# 冰咖啡的冲泡方法

冰咖啡的冲泡方法大致可以分为2种。

但也有从冲泡的时间或者用途等方面考虑的冲泡方法，比如想尝试口味正宗的冰咖啡，想在最短时间内喝上冰咖啡，或者想尝试冲泡花式咖啡，等等。

冰咖啡的冲泡方法一

# 冰滴壶冲泡法

冰咖啡的冲泡方法大致分为 2 种：一种是使用专业的器具冲泡，一种是将使用滤纸滴滤法等冲泡出的普通咖啡冷却。专业的冰咖啡冲泡器具冰滴壶、冰滴咖啡机等，用水一滴一滴地萃取可以将咖啡豆的全部风味都萃取出来。

## 将咖啡豆的风味最大限度地萃取出来的冰滴壶

冰滴滴滤法以前是某种冰咖啡的萃取方法，但因专用器具的尺寸过大且价格过高，平常不太容易买得到。近年来，随着一般家庭也能使用的，尺寸大小和价格都适中的专用器具陆续登场，冰滴壶便开始越来越受欢迎。

冰滴滴滤法的魅力在于可以把咖啡豆所含的咖啡风味最大限度地萃取出来——制作出清澈的、拥有丰富香气和风味的琥珀色咖啡液。它是通过低温的水一滴一滴地滴落，经过长时间萃取得来的，这样可以从咖啡粉里自然地萃取出精华，防止了因高温导致的咖啡香味和颜色的变化。因为苦味成分不太容易在水中溶解，所以使用深度烘焙的咖啡豆可以取得绝妙的平衡口感。

但也是因为像水滴滴落一样地缓慢萃取，所以，从开始到最终完成至少需要花费 2 ~ 3 个小时的时间，这也算是一个缺点。制作时需要花费些工夫，比如说在前一天晚上就要预先对第二天早上要喝的咖啡进行准备。

冰滴壶 · 不锈钢 & 耐热玻璃制
一次可萃取 5 杯的分量
（日本咖啡器具品牌 HARIO）

亚克力架冰滴壶
一次可萃取 2~6 杯的分量
（日本咖啡器具品牌 HARIO）

各部件的名称

上壶
分水器
咖啡粉杯
水滴调节阀
下壶

### 轻松享用口味"还不错"的冰滴咖啡

冰咖啡的专业冲泡器具，除了冰滴壶，还有冷泡咖啡壶、咖啡滴滤壶等。右图中的这款咖啡壶，只需要在玻璃瓶内的滤篮里放入咖啡粉，然后注水，再放入冰箱冷藏 6 ~ 8 小时，冷萃咖啡就做好了，是最容易制作出冰滴咖啡的萃取器具。每次都使用同样分量的水和咖啡粉的话，可以萃取出相同口味的咖啡。虽然和冰滴壶相比，制作出的咖啡味道没那么细腻，但是低温、长时间的萃取能让杂味减小到最少，因此也能做出美味的咖啡，当然，如果使用专用的咖啡粉就更加不会出错了。

第 3 章　萃取香醇咖啡

# 用冰滴壶冲泡

根据水滴速度的不同，冰滴壶所冲泡出咖啡的浓淡也不一样。请仔细确认好以秒为单位的水滴速度。

● **材料**（600ml／5人份）

咖啡粉 ｜ 50g

水 ｜ 700ml

［研磨程度］

中研磨

［合适的烘焙度］

全城市烘焙 ~ 意式烘焙

### 1. 放入咖啡粉。

在咖啡粉杯里放入咖啡粉。

### 2. 用少量水润湿咖啡粉。

注入少量水，润湿全部咖啡粉并搅拌。

### 3. 将表面压平。

用勺的背面轻压咖啡粉，使其表面平整。

### 4. 将所有部件组装好。

将咖啡粉杯套在下壶上，并放上分水器，再把上壶装上。

**5. 倒水之后开始萃取。**

　　在上壶内倒入 700ml 的水之后，将水滴调节阀缓缓地转到右边，开始萃取。

Point

　　将水滴调节阀转到右边时，滴水速度会变快，转到左边则停止滴水。

**6. 调节滴水的速度。**

　　从开口处确认滴水的速度，用调节阀调整速度：标准速度是每秒 2 ～ 3 滴。

**7. 2 ～ 3 小时后完成。**

　　搅拌咖啡，使其浓度均匀，然后将其倒入咖啡杯中。

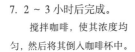

第 3 章　萃取香醇咖啡

冰咖啡的冲泡方法二

# 冷却普通咖啡

　　这种是比使用冰滴壶操作起来更方便的冷却咖啡法。普通冰咖啡和花式冰咖啡（参考P122～P135）的冷却方法不一样，但要注意的是，咖啡都要冲泡得稍浓些。

## 加大细研磨的咖啡粉量

　　用滤纸滴滤法等简易器具制作冰咖啡时，因考虑到之后要加冰，所以要比平时冲泡得稍浓。咖啡豆须选择全城市烘焙的深度烘焙豆，研磨度则比热咖啡的"中研磨～中粗研磨"程度要更细一些，咖啡粉量也要增加30%～50%。准备好咖啡粉后，使用滤纸滴滤法冲泡。喜欢喝浓郁口感的冰咖啡，也可以采用P57的"精华萃取法"。

● 材料（120ml/1 人份）——

咖啡粉｜18g 左右
* 冲泡普通咖啡
热水｜130 ～ 150ml
- - - - - - - - - - - - - - - - - -
［研磨程度］
细研磨 ～ 中研磨
- - - - - - - - - - - - - - - - - -
［合适的烘焙度］
全城市烘焙
- - - - - - - - - - - - - - - - - -

冲泡热咖啡时，加入12g 左右的咖啡粉就够了，冲泡冰咖啡的话则需要18g。咖啡粉量要精确测量

# 普通咖啡的冷却方法

## ▌作为冰咖啡饮用时

这是须准备满满一杯冰块用于快速冷却咖啡的方法。因为制作出的成品味道鲜明且有香味存留,所以作为冰咖啡饮用时,推荐使用这种方法。

1. 准备好装有冰块的玻璃杯。

准备一个装满冰块的咖啡杯。

2. 趁热将咖啡倒入玻璃杯。

趁热将咖啡迅速倒入玻璃杯中。

3. 最后增加冰块。

轻轻搅拌之后,再添加一些冰块。

## ▌作为花式冰咖啡饮用时

花式冰咖啡的制作方法是在滤杯里放入冰块后再注入热咖啡,可以大量制作,非常方便。

1. 滤杯内放入冰块。

准备一个装满冰块的滤杯和一个分享壶。

2. 倒入热咖啡。

将热咖啡全部注入滤杯中。

3. 拿走滤杯。

倒完咖啡后,将滤杯拿走,防止味道变淡。

< 用其他萃取器具冲泡咖啡 >

还有其他各种各样冲泡咖啡的方法。根据萃取器具的不同，咖啡的味道也会不同，其中也有一些方法可以冲泡出口味独特的咖啡。在习惯了滤纸滴滤法等常规冲泡方法之后，也可以尝试一下其他的方法，这样你才能感受到更广阔的咖啡世界。

## 激发咖啡豆个性的世界各国的器具

咖啡是世界各国都喜爱的饮品。比如，越南咖啡豆的种类虽然以"罗布斯塔种"为主，但咖啡的生产量仍处于世界前列。"越南式咖啡"以浓郁醇厚和苦涩之味见长，全世界享受和喜爱这种独特咖啡文化的人也有很多。使用伊芙莉克壶冲泡出的土耳其咖啡也是如此。

美国在拓殖时代流行的适用于户外的渗滤壶冲泡法，还有法国20世纪50年代开始流行的滤压壶冲泡法，都可以最大限度地将咖啡豆蕴含的香气萃取出来。

不管用什么方法冲泡咖啡，都可以品尝到由器具各自的特点所带来的独特口感，这么一想，不禁让人感叹咖啡豆所蕴含的潜力是多么地惊人。

### ▌法式滤压壶

#### 简单可调整 & 美味的冲泡方法

使用法式滤压壶冲泡，只需将粗研磨的咖啡粉和热水倒入壶中，盖上盖子，等待 4 ~ 5 分钟之后，把中间的挤压器向下压即可。因为咖啡粉在热水中停留的时间越长，豆子中的油脂就越多地被萃取出来，豆子本身的味道也就越能凸显出来，所以用法式滤压壶冲泡出的咖啡味道浓郁饱满，但因为有油脂萃取出，咖啡液稍显浑浊。

▲ 能冲泡的咖啡：普通咖啡

味道醇厚，油脂甘甜可口

## 渗滤壶

### 只需准备水和咖啡粉的简便冲泡

使用渗滤壶冲泡，只需将水注入壶内，在附带的滤篮里装上粗研磨的咖啡粉之后，用火加热即可。内部沸腾的热水在蒸汽压的作用下循环接触咖啡粉，进而萃取出咖啡。煮沸后2～3分钟即可饮用。这一便利性使得它非常适合在户外使用，在家里也可使用。

▲ 能冲泡的咖啡：普通咖啡

丰富的味道，加热时间出错会使味道偏苦

## 伊芙莉克壶

### 拥有狂热粉丝的"煮咖啡"

在小锅里放入极细研磨的咖啡粉和水后，直接放于火上煮，就能煮出土耳其咖啡，煮好的咖啡液可以不过滤直接倒入咖啡杯，等待几分钟，待咖啡粉沉淀到咖啡杯底部之后，再饮用上面澄清的部分。因为是没有经过过滤的"煮咖啡"，所以口感厚重，味道苦涩，这大概也是人们喜欢喝它的理由吧。

▲ 能冲泡的咖啡：普通咖啡（土耳其咖啡）

苦味突出，味道刺激而独特

## 越南式咖啡器具

### 享受香味的同时享受滴滤萃取的乐趣

制作越南咖啡是在金属滤杯内放入粗研磨的咖啡粉后，将滤杯放置在咖啡杯上注水萃取。因为咖啡粉会堵塞滤杯底部的孔，所以萃取需要花费一些时间。一般使用深度烘焙的罗布斯塔种咖啡豆——和阿拉比卡种精致的口味完全相反，用罗布斯塔种咖啡豆煮出来的咖啡味道浓郁而苦涩，和炼乳非常相配。

▲ 能冲泡的咖啡：越南咖啡

享受充满野性的苦味，加入炼乳口感更温和

第 **4** 章

咖啡味道的再次升级

　　"喜欢黑咖啡，所以只要咖啡本身的味道好喝就可以"，这是一个很大的误解。冲泡咖啡时，所使用的咖啡杯和水等细微的选择也会对咖啡味道产生很大的影响。能让咖啡味道变得更卓越的因素，既有砂糖和水，也有奶油和咖啡杯。如果在这些方面更加用心的话，就能享受到更美味的咖啡。

# 〈 砂糖的挑选方法 〉

　　喝咖啡时，我们平时习惯随意添加的砂糖，但其实糖的种类不同，咖啡的味道产生的变化也不同。下面我们就来了解一下砂糖和咖啡的相溶性。

## 热咖啡适用的糖

### "不抢风头"的砂糖最适合

　　从砂糖自身的甜味和特性来看，基本上是和咖啡不相配的。比如味道很浓的红糖和含有丰富矿物质的黑糖就不适合。再如，上白糖从各方面看好像都合适，可是由于难以溶解、容易结块，所以也不适合咖啡。

　　咖啡调糖和方糖虽然和咖啡很相配，但是这两种糖在完全溶化之前都不太能掌握它们的甜度，这就很难进行甜度的微调。所以总的来说，细砂糖是最合适的选择，因为它既容易溶化且味道又清爽，可以在不影响咖啡味道和香味的前提下增加甜度。

### 与咖啡相配的砂糖

**▌细砂糖**

　　易溶化，不会破坏咖啡原本的清爽甜味，是最适合咖啡的砂糖种类。

**▌咖啡调糖**

　　虽然是易着色的焦糖色，但味道和咖啡很相配，溶化需要时间。

**▌方糖**

　　细砂糖的成形状态，缺点是不易溶化，所以很难调节用量。

## 不适合咖啡的砂糖

### ▌上白糖

比较湿润，不易溶化，且很容易结块，所以不推荐使用。

### ▌红糖

浓郁的甜味口感会模糊咖啡本来的味道，所以不推荐使用。

### ▌黑砂糖

黑砂糖本身的味道很浓，会盖过咖啡的味道，所以不推荐使用。

# 冰咖啡适用的糖

## 自制糖浆最适合

要往冰咖啡里加糖的话，通常可以使用胶糖蜜。但是胶糖蜜里大多含有防腐剂和甜味剂，会使咖啡的味道发生改变。所以一定要尝试一下只用细砂糖和水自制的"糖浆"。

### ▌自制糖浆

在锅里放入 100ml 的水加热，沸腾后加入 100g 细砂糖煮至完全溶化即可，放凉后再放入容器中保存。自制糖浆在冷藏状态下可以保存 1～2 个月。

---

**砂糖的卡路里[1]**

精制白砂糖一般一勺的热量为 20 卡路里左右。红糖和黑砂糖则大约为 18 卡路里或者更低一些，还含有钙、镁、铁等矿物质成分。为了不改变咖啡的味道，需要严格控制卡路里摄入量的人可以在使用细砂糖时控制用量。

1.1 卡路里约等于 0.041 千焦。

# 水和奶油的挑选方法

冲泡咖啡时很容易忽略的因素是水和奶油，在使用上，它们各自都有需要注意的要点。

## 水的挑选方法

### 净水器滤过的自来水最好

去商店购买矿泉水的人认为，冲泡美味的咖啡就一定要用品质好的水。其实不然，这些水里所含的镁和钙等矿物质很容易破坏咖啡原本的风味。特别是外国产的多数硬水很容易带出咖啡的苦味，用来做意式浓缩咖啡还可以，但是不适合用来做滴滤咖啡。如果要买水冲泡咖啡的话，建议买那种只含有少量矿物质的软水。日本的水几乎都是软水，所以可以选日本产的水。

本来冲泡咖啡的时候就不需要买矿泉水。最推荐的用水还是净水器滤过的自来水。现在的净水器不仅可以除去漂白剂的味道，连一些不纯的物质等也能除去。冲泡美味咖啡，用净水器滤过的自来水就足够了。净水装置也有各种类型，比如净水出水一体化水龙头，装在水龙头上的净水装置，或者水壶式净水机等。那种装有活性炭的净水装置也可以。

日本产的矿泉水含有的矿物质成分不多，口味温和、容易入口。因为基本上都是软水，所以如果不爱看标签确认成分的话，就直接选日本产的水

将自来水煮沸，能在一定程度上去除漂白剂的味道，但最好使用经过净化的水，以去除其他杂质。也可以如图所示，在自来水中加入活性炭，并将净化后的水烧开

# 奶油的挑选方法

生奶油有2种类型，一种是可以软化咖啡酸味、使口感柔和的"咖啡用奶油"，还有一种是花式咖啡顶端的奶泡或者蛋糕上面使用的发泡奶油，二者主要的区别是动物性乳脂含量的多少。乳脂含量为10%～30%的是咖啡用奶油，乳脂含量为30%～48%的是发泡奶油。其他也有一些添加了植物性脂肪的乳化剂等产品，但是准确来讲，这类产品不该被叫作"生奶油"，而应该是"以乳汁或者乳制品为主要原料的食品"。生奶油的种类很容易被混淆，超市的咖啡货架上摆放的奶油大多数是植物性奶油，而与浓咖啡相配的动物性"生奶油"有时会藏在乳制品区域，但大多数情况下没有或很难买到。

下面介绍的2所大型公司生产的6种咖啡用奶油中，植物性奶油有2种，因为和超市里贩卖的部分商品的成分差不多，所以可以通用，但是动物性"生奶油"就只能在咖啡专卖店或者网上购买了。喜爱浓咖啡且经常使用植物性奶油的人，请一定要尝试一下动物性奶油——你们一定会对两者味道的差异感到惊讶。

浓醇咖啡

浓

动物性 /30%
高梨 fresh30

动物性 /20%
高梨 fresh20

动物性 /20%
森永 coffee fresh

奶油纯度

植物性 /25%
高梨 coffee fresh

动物性 · 植物性混合
动物性 14%· 植物性 22%
森永 coffee mild

植物性 /20%～25%
（部分种类
也有动物性混合型，
须仔细确认包装上的
乳脂成分）

淡

植物性 /23%
森永 coffee white

温和美式咖啡

第 4 章　咖啡味道的再次升级

95

# 咖啡杯的挑选方法

咖啡杯有各种形状和厚度，选择了与咖啡种类和味道相符的咖啡杯，会让美味升级。

## 选择合适形状的咖啡杯

即使是品尝同样的咖啡，由于咖啡杯形状的不同，味道也会有微妙的差别。

常见的咖啡杯分为宽口径和垂直口径两种。口径形状的不同，带来的味觉感受也不同，这和舌头感受味道的区域有关。舌尖感受甜咸味，舌根感受苦味，舌头中间部位感受酸味，部位不同，感受到的味道也不同。用宽口径咖啡杯饮用咖啡时，由于咖啡在口中扩散的速度很快，首先刺激的是舌头的酸味感受区。如果用垂直口径的咖啡杯，咖啡会迅速到达舌头根部，这时我们对苦味的感受就相对强烈。

### 根据咖啡种类选择咖啡杯

**普通咖啡用**

**▲ 咖啡杯**

主要用来装热的普通咖啡。容量在 120 ~ 150ml 之间。常见的类型是手握杯，一般下部配有杯托（托盘）。除此之外，容量为 180 ~ 250ml、没有杯托的马克杯也很常用。

**意式浓缩咖啡用**

**▲ 小咖啡杯**

意式浓缩咖啡用的咖啡杯。因为意式浓缩咖啡 1 杯大约只有 30ml，所以这类咖啡杯的尺寸只有普通咖啡杯的差不多一半大。英文名为"Demitasse"，"Demi"意为"一半"，"Tasse"意为"杯子"。

**牛奶咖啡用**

**▲ 牛奶咖啡杯**

牛奶咖啡的专用杯。与普通的咖啡杯相比，尺寸大很多，整体为圆形、没有把手，主要用来装热的牛奶咖啡。

**冰咖啡、花式咖啡用**

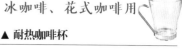

**▲ 耐热咖啡杯**

玻璃制品，耐热性高，不仅适合装冰咖啡，也经常用来装热饮。透明的玻璃质地可以一眼看见咖啡的层次感，所以推荐用来装花式咖啡。

## 根据咖啡口感选择咖啡杯

另外，咖啡杯的厚度也会影响口感。边缘薄的杯子感受到的口感更加纤细，容易感受到清淡的口感。边缘厚的杯子因为可以紧实地贴近口腔，更容易品尝出咖啡鲜明的味道。因此，边缘薄的咖啡杯适合清淡的酸味系咖啡，而边缘厚的则更适合苦味系咖啡。

下面总结了一些形状和厚度不同的咖啡杯类型。经常喝花式咖啡的人可以试试花式咖啡专用的咖啡杯。

北欧等一些寒冷的地区经常使用一种叫作"Tall Cup"的高咖啡杯。这类杯子是通过减少咖啡液暴露在寒冷空气中的面积来起到保温的作用。因为还可以用两只手握住杯子取暖，所以经常被使用。

### ▌口感清淡的咖啡

▲ 口径窄且薄的咖啡杯

口感细腻，也能很好地感知苦味，适合用来享用美式咖啡等口味清淡的咖啡。

### ▌偏酸的美式咖啡

▲ 口径宽且薄的咖啡杯

口感纯净，适合品尝用浅烘焙度的咖啡豆（参考P24）冲泡的酸味系咖啡，清爽且味道鲜明。

### ▌浓厚苦涩的普通咖啡

▲ 口径窄且厚的咖啡杯

适合饮用温和浓醇的咖啡，普通咖啡一般都适用，特别适合用来享用曼特宁等苦味显著的咖啡。

### ▌优质酸味的普通咖啡

▲ 口径宽且厚的咖啡杯

适合喜欢酸味的人。适用来享用口感鲜明，味道浓醇的咖啡，如中南美洲以酸味为特征的精品咖啡等。

第 **5** 章

iiiiiiiiiiiiiiiiiiiiiiiiiiiiiiiiiiiiiii

花式咖啡&甜品

只有普通咖啡往往略显不足。尝试制作一些在咖啡店里品尝过的花式咖啡吧。本章特意为你准备了花式咖啡的调制方法,包括 3 种基底咖啡的制作方法,共 41 道花式咖啡食谱,加上 6 种配合咖啡一起食用的甜点。

# 花式咖啡的顶部装饰

添加奶泡或者发泡奶油进行装饰的咖啡通常被称作"花式咖啡"或者"调制咖啡"。让我们首先从最基本的5种顶部装饰开始学习。

## 不同组合的咖啡和顶部装饰，称呼也不同

因为牛奶、奶油等乳制品和咖啡非常相配，所以是花式咖啡不可缺少的材料。花式咖啡中常将这些材料加热、打泡，做成发泡奶油来使用。70℃以下的温热牛奶被称为"蒸牛奶"，蒸牛奶形成的泡沫被称为"奶泡"。这些牛奶根据使用在普通咖啡上或者意式浓缩咖啡上的不同，称呼也不一样。将蒸牛奶倒入浓咖啡中就变成牛奶咖啡，倒入意式浓缩咖啡中就变成拿铁咖啡。在意式浓缩咖啡和蒸牛奶中加入奶泡，就成了卡布奇诺。

比牛奶的脂肪成分更浓厚的生奶油在搅拌之后就形成了"发泡奶油"。将其直接倒入浓咖啡中，就成了维也纳咖啡，将其倒入意式浓缩咖啡中，又成了康宝蓝。

花式咖啡只要和蒸牛奶、奶泡、发泡奶油、糖浆，加上和咖啡豆很相配的巧克力酱这5种材料组合，基本就能制作出美味且广受欢迎的咖啡饮品。

顶部装饰

### ① 蒸牛奶和奶泡的制作

蒸牛奶和奶泡的制作方法是将牛奶放入锅中用火加热到60 ~ 70℃，搅拌而成，但牛奶加热到70℃以上就不会产生泡沫了。如果嫌打泡器搅拌麻烦的话，推荐使用牛奶打泡机，有的机型配有可以直接放入微波炉的耐热玻璃杯，使用起来十分方便。

奶泡

蒸牛奶

在锅内放入牛奶，用火加热时，注意不要煮至沸腾。根据蒸汽的多少来判断温度的高低

这款打泡机的杯身由耐热玻璃制成，可直接装盛牛奶放入微波炉加热，取出后再与上部的机械组装，按动开关便可直接搅拌出奶泡了

在意式浓缩咖啡中加入蒸牛奶，就成了拿铁咖啡。若是制作卡布奇诺，还需要加上适量的奶泡

## ② ▌发泡奶油的制作

发泡奶油是将乳脂含量在 35% ~ 45% 的生奶油打发之后形成的。脂肪含量少的生奶油不易出泡，也无法形成独特的浓稠度，导致最后会变成奶泡的口感（牛奶的脂肪含量在 4% 左右）。不够甜的话，可以加入细砂糖，一般可在 180g 生奶油：10g 细砂糖的比例上进行加减。

咖啡和动物性奶油比较相配，可根据个人喜好选择，购买时确认成分表

制作看起来很漂亮的装饰裱花，推荐使用做甜点用的裱花袋

### ③ ▍选择糖浆

只要在咖啡里添加糖浆就能立刻享用到风味饮品。和咖啡最相配的是香料系糖浆、水果系糖浆和坚果系糖浆。最近，和食调料系糖浆也开始陆续登场。本书将会介绍使用草莓糖浆、爱尔兰奶油糖浆、焦糖糖浆、黑糖糖浆和生姜糖浆等的调制方法。根据个人的喜好，也可以尝试将多种糖浆混合，制作出新口味的咖啡。

### ④ ▍巧克力酱的制作

在制作爪哇摩卡（P109）、冰镇爪哇摩卡（P126）、冰摩卡拿铁等摩卡咖啡时经常使用。

#### ● 制作方法（约300ml）

1. 在玻璃碗里放入可可粉75g、砂糖140g之后，用打泡器轻轻搅拌。将150ml热水少量慢慢地注入并搅拌，再放入75ml生奶油（乳脂含量35%）继续搅拌。
2. 搅拌至均匀顺滑时，倒入滤网过滤。
3. 完成后放入容器，冷藏保存。

香料系

经典香草　爱尔兰奶油　肉桂

水果系

青苹果　　干苦橘　　草莓

坚果系

开心果味　榛子味　　烤杏仁味

和食调料系

焦糖　　　黑糖　　　生姜

# 热咖啡基底

从经典的牛奶咖啡开始，到与发泡奶油和蒸牛奶搭配的各种咖啡，接下来将介绍 18 种以热咖啡为基底的花式咖啡的调制方法。

# 牛奶咖啡

## café au lait

说起法式早餐经典搭配一定是一杯牛奶咖啡加一个可颂，请一定要尝试一次牛奶咖啡。

● **材料** ────────────

咖啡（法式烘焙，使用炭烤咖啡豆）｜ 100ml

蒸牛奶（参考 P100）｜ 100ml

\* 咖啡和牛奶的基本比例是 1：1

● **制作方法** ────────────

1. 将咖啡倒入温热过的咖啡杯中。

2. 将蒸牛奶快速注入杯中。

Point

　　正宗的冲泡方法是一手拿着咖啡，一手拿着牛奶，在同样的高度同时、同量地将两者倒入另一个咖啡杯中。这种冲泡方法最终会形成恰到好处的泡沫。但在不熟练的情况下，这是相当困难的专业技巧。

# 维也纳咖啡

## Vienna coffee

浓厚醇香的咖啡表面铺满发泡奶油，口感丰富，是更符合成年人口味的经典咖啡。

● **材料**

咖啡（法式烘焙，使用炭烤咖啡豆）｜100ml
发泡奶油（参考 P101）｜适量

● **制作方法**

1. 将咖啡注入温热过的咖啡杯中。
2. 把足量的发泡奶油覆盖在咖啡的表面。

Point

虽然发泡奶油有些甜度，但是如果不够甜的话，还可再加入一些细砂糖。

# 咖啡·芙兰朵

## Café flandre

杏仁独特的香味和咖啡强烈的口感完美地融合在一起，是有个性且口味浓郁的花式咖啡。

● **材料**

咖啡（使用巴西产的咖啡豆）｜ 80ml

牛奶｜ 40ml

杏仁碎｜咖啡勺1勺

发泡奶油（参考P101）｜适量

烤杏仁（原味）｜适量

● **制作方法**

1.将牛奶、咖啡、杏仁碎放入锅内轻轻搅拌，用小火加热，注意不要煮至沸腾（70℃以下）。

2.把步骤1中的材料倒入温热的咖啡杯里，并在表面铺满发泡奶油。

3.把经过粗磨的烤杏仁撒在发泡奶油中间，作为装饰。

**Point**

　　杏仁碎是指将杏仁磨成粉。为了不被杏仁浓烈的香味掩盖，需要将杏仁碎和苦味、酸味都很显著的咖啡搭配，建议使用巴西咖啡这类的咖啡豆。若甜味不够，可以按照个人的喜好适量添加细砂糖。杏仁碎也可以用10ml烤杏仁味的糖浆（参考P102）来代替。

# 越南风味咖啡
## Vietnamese style coffee

用专用器具冲泡浓醇咖啡时，要通过掌握好炼乳的溶化状态来调节咖啡的甜度和醇度。

● **材料**

深度烘焙的咖啡粉 ｜ 13g

热水 ｜ 180ml

炼乳 ｜ 20ml

* 使用越南咖啡专用的咖啡器具（参考 P89）

● **制作方法**

1. 将炼乳倒入耐热玻璃杯内。

2. 将咖啡粉放入滤杯。

3. 把滤杯置于玻璃杯的上方，在滤杯内注满热水。

4. 盖上壶盖之后，等待滴滤。

5. 待咖啡液滴滤完成后，拿走壶盖，将滤杯从玻璃杯上移走，可置于倒放的壶盖上。

6. 按照个人喜好，边搅拌，边饮用。

Point

　　若要制成冷饮，可再准备一个放满冰块的玻璃杯，在温热咖啡里溶化适量的炼乳后，将其一次性倒入装满冰块的玻璃杯内冷却。

# 驭手咖啡

## Einspänner

正宗咖啡大国奥地利的招牌饮品，
最正宗的品尝方法是添加比咖啡还要多的发泡奶油，不搅拌直接饮用。

● **材料**

咖啡（使用深度烘焙的咖啡豆） | 100ml

生奶油（乳脂含量35%） | 适量

细白砂糖 | 适量

● **制作方法**

1. 将生奶油打发，制作出没有甜味的发泡奶油。

2. 将咖啡注入温热过后的耐热玻璃杯中。

3. 加入几乎和咖啡同样分量的发泡奶油，使其覆盖在咖啡的表面。

4. 撒上细白砂糖。

Point

　　"Einspänner"是"套一匹马的马车"的意思。驭手咖啡不使用咖啡杯，而是用耐热玻璃杯。没有甜味的发泡奶油浮在咖啡的表面才是这种咖啡最正宗的风格。

# 爪哇摩卡

## Mocha java

热腾腾的深烘焙咖啡和香甜的巧克力搭配在一起，让你感受到如品尝美味甜点一般的幸福。

● **材料**

咖啡（使用深度烘焙的咖啡豆）| 100ml

咖啡调糖 | 咖啡勺 1 ~ 2 勺

巧克力酱（参考 P102）| 30ml

发泡奶油（参考 P101）| 适量

巧克力酱（装饰用）| 适量

● **制作方法**

1. 将咖啡调糖和 30ml 巧克力酱放入温热后的咖啡杯中。

2. 倒入咖啡。

3. 在咖啡表面铺满发泡奶油，再用巧克力酱装饰。

Point

　　爪哇摩卡源于印度尼西亚爪哇岛，因在当地的荷兰人爱喝而得名，在俄罗斯它被称为"俄罗斯咖啡"，也深受当地人的喜爱。

# 米朗琪咖啡

## Mélange

铺满细密柔软泡沫的维也纳风味牛奶咖啡，如奶油般柔顺润滑的口感是其魅力之一。

● **材料**

咖啡（法式烘焙，使用炭烤咖啡豆）丨100ml
牛奶丨100ml

● **制作方法**

1.将牛奶倒入锅内，用小火加热，同时用起泡器搅拌。

2.慢慢地将牛奶倒入温热过的咖啡杯内，注意要留少量牛奶泡沫在锅内。

3.用勺子轻轻将留在锅里的牛奶泡沫舀起，并将其铺在咖啡的表面。

Point

　　"mélange"在法语中是"混合"的意思。制作的重点是要一边加热牛奶一边搅拌，使其产生蓬松细腻的泡沫。

# 英式咖啡

## English style coffee

醇厚浓香的咖啡添加了清凉爽朗的薄荷香之后，别有一番风味，清爽的余韵让人印象深刻。

● **材料**

咖啡（使用蓝山咖啡）｜120ml

薄荷酒｜少许

发泡奶油（参考P101）｜适量

薄荷叶｜适量

● **制作方法**

1. 将咖啡倒入温热过的咖啡杯中。

2. 添加薄荷酒。

3. 在咖啡的表面覆上发泡奶油，再点缀上薄荷叶。

Point

为了不被薄荷叶的香气和甜味所影响，使用像蓝山这样有浓烈醇香的高品质咖啡是关键。

# 柠檬风味奶盖

## Café limone

将肉桂棒放进滤杯和咖啡一起萃取，再添加些柠檬，这滋味让人回味无穷。

● **材料**

深度烘焙的咖啡粉 | 13g

肉桂棒 | 约 3cm

柠檬 | 适量

咖啡调糖 | 10g

发泡奶油（参考 P101） | 适量

柠檬碎末（柠檬皮的碎屑） | 适量

● **制作方法**

1. 在滤杯里放入咖啡粉和肉桂棒，用滤纸滴滤法萃取出约 120ml 的咖啡液。

2. 将柠檬汁均匀地挤在咖啡杯的边缘处，再放入咖啡调糖。

3. 将步骤 1 中的咖啡液倒入咖啡杯中。

4. 在咖啡表面铺上发泡奶油，用柠檬碎末装饰。

**Point**

将切成圆形的柠檬片沿着咖啡杯边缘挤压一周，就能轻松压出柠檬汁。

# 荷兰式焦糖咖啡

## Dutch caramel coffee

待咖啡的热气将焦糖华夫饼中的焦糖融化以后，再搭配咖啡一块儿品尝，
才是荷兰式焦糖咖啡正确的享用方式。

● **材料** ────────

咖啡（使用深度烘焙的咖啡豆）｜ 100ml

焦糖华夫饼（购买成品）｜ 1 块

● **制作方法** ────────

1. 将咖啡倒入温热过的咖啡杯中。

2. 把华夫饼盖在咖啡杯上。

3. 待咖啡的热气将夹在华夫饼中间的焦糖融
化后，和咖啡一起享用。

Point

　　将焦糖华夫饼像咖啡杯盖一样放在咖啡杯上搭配食用，是荷兰式咖啡的经典食谱。如果能买
到焦糖华夫饼，请一定要试一试。

# 马萨拉咖啡
## Masala coffee

是印度的奶茶，也是像茶一样充满了香气的花式咖啡，在不加入砂糖的前提下，
充分享受这辛辣的口感吧！

● **材料**

咖啡（使用深度烘焙的咖啡豆）| 100ml

肉桂棒 | 约3cm

肉豆蔻 | 少量

丁香 | 2粒

牛奶 | 110ml

肉桂棒（完成后使用）| 1根

● **制作方法**

1.将咖啡倒入锅里，再加入肉桂棒、肉豆蔻
和丁香，开火加热。

2.将牛奶一次性加入，煮至温热即可，不需
要沸腾。

3.将步骤2的材料倒入温热过的咖啡杯，用
肉桂棒点缀。

Point

　　"马萨拉"在印地语中指"香辛料混合的产物"。要注意的是，在把咖啡倒入咖啡杯内时，
需要将香料过滤掉。

# 豆蔻咖啡

Cardamom coffee

制作的诀窍是使用偏浓香的咖啡，这样咖啡的味道才不会被小豆蔻的香味掩盖住。
这是中东地区人气最高的香料咖啡。

● **材料**

咖啡（使用炭烧咖啡豆）｜100ml

小豆蔻｜1粒

● **制作方法**

1. 将咖啡倒入温热过的咖啡杯中。

2. 把小豆蔻捏碎，加入杯内。

3. 将小托盘盖在杯子上，闷1～2分钟，使咖啡沾染上一些小豆蔻的香气。

Point

这是一种在土耳其很常见的咖啡。除了上面介绍的制作方法之外，还有将小豆蔻和咖啡粉一起放入滤杯萃取，或用锅蒸煮后再过滤等方法。因为小豆蔻有助于消化，所以豆蔻咖啡最适合在饭后饮用。

第 5 章　花式咖啡 & 甜品

# 薄荷咖啡

## Peppermint coffee

放入薄荷叶的薄荷咖啡是最适合在夏季饮用的热饮，薄荷的清爽让人倍感清凉。

● **材料** ───────────

咖啡（使用城市烘焙的咖啡豆）│ 100ml

咖啡调糖│咖啡勺 1 ～ 2 勺

薄荷叶│适量

● **制作方法** ───────────

1. 把咖啡调糖放入温热过的咖啡杯中。

2. 倒入咖啡。

3. 饮用之前，将薄荷叶轻揉之后加入咖啡中。

Point

　　让薄荷咖啡越喝越甜的诀窍在于喝之前不要搅拌其中的咖啡调糖，一边喝一边等待调糖慢慢溶化。咖啡中的薄荷叶会让口腔变得清凉爽朗，所以推荐在吃完鱼料理之后饮用。

# 巴西咖啡

## Brazilian style coffee

这是伴随着热气升腾，会散发出朗姆酒香气和巧克力甜味的极品咖啡，
最适合在一天的辛苦工作之后享用。

● **材料**

咖啡（使用深度烘焙的咖啡豆）┃ 50ml
牛奶 ┃ 150ml
朗姆酒 ┃ 20ml
巧克力碎片 ┃ 适量

● **制作方法**

1. 把咖啡和牛奶倒入锅内加热。

2. 把步骤1的材料倒入温热过的咖啡杯内，
加入朗姆酒。

3. 添加适量的巧克力碎片。

Point

在热腾腾的牛奶咖啡里添加朗姆酒，挥发的少量酒精会让香味更加浓郁，随后加入适量巧克
力碎片即可饮用。

第5章 花式咖啡 & 甜品

117

# 蜂蜜牛奶咖啡

Honey café con leche

漂亮到不忍品尝的西班牙风味牛奶咖啡，沉在杯底的蜂蜜增加了浓郁的味道。

## ● 材料

咖啡（使用深度烘焙的咖啡豆）| 100ml

蜂蜜 | 15ml

蒸牛奶（参考 P100）| 100ml

奶泡（参考 P100）| 适量

## ● 制作方法

1. 往耐热玻璃杯里加入蜂蜜。

2. 从上方缓慢地倒入蒸牛奶。

3. 用勺子引流，从玻璃杯的边缘缓慢注入咖啡，不要搅拌，最后盛一勺奶泡放在顶部。

Point

这款咖啡漂亮的外观和各种材料的重量有关系。最重的蜂蜜在最底部，然后将第二重的蒸牛奶注入杯中，之后将咖啡轻柔地倒入杯中，最后再将最轻的奶泡放在顶端，这样就呈现出美丽的分层。为了凸显出漂亮的分层，推荐使用耐热玻璃杯来装。做成冰饮也很美味。

# 焦糖苦咖啡

Bittersweet café con leche with caramelized sugar

往西班牙风味的咖啡牛奶里加入焦糖汁后，增添了少许苦味，外形看起来也十分时尚。

● **材料** ───────

咖啡（使用深度烘焙的咖啡豆）｜ 65ml

焦糖糖浆｜ 15ml

蒸牛奶（参考 P100）｜ 100ml

奶泡（参考 P100）｜适量

浓缩咖啡粉｜适量

● **制作方法** ───────

1. 往耐热玻璃杯内倒入焦糖糖浆。

2. 从上方缓慢地倒入蒸牛奶，再盛一勺奶泡放在顶部。

3. 用勺子引流，从玻璃杯的边缘缓慢注入咖啡，不要搅拌。

4. 最后撒上适量浓缩咖啡粉。

Point

　　和 P118 的蜂蜜牛奶咖啡一样，最后会呈现出 4 个层次，要充分搅拌之后再饮用。想喝冰饮的话，将蒸牛奶换成冰牛奶、热咖啡换成冰咖啡即可。

# 棉花糖咖啡

## Marshmallow coffee

这款咖啡要往热咖啡里加入棉花糖，光是看着棉花糖慢慢溶化的样子就让人觉得很开心。

## ● 材料

咖啡（使用城市烘焙的咖啡豆）| 120ml

发泡奶油（参考 P101）| 适量

棉花糖 | 适量

## ● 制作方法

1. 将咖啡倒入温热过的咖啡杯中。

2. 在顶部铺满发泡奶油之后，再放上棉花糖装饰。

### Point

趁热在发泡奶油和棉花糖溶于咖啡时饮用，或者让棉花糖浮在咖啡上也可以。如果觉得甜度不足，可以再加入一些细砂糖。

# 蛋奶咖啡

## Coffee eggnog

能让身心都感到温暖的蛋奶咖啡，鸡蛋的温和口感是其魅力之一。
美味的诀窍是做出蓬松绵密的泡沫。

● **材料**

咖啡（使用深度烘焙的咖啡豆）｜ 100ml
牛奶｜ 30ml
细砂糖｜ 5g
蛋黄｜ 1个

● **制作方法**

1. 把咖啡、牛奶和细砂糖放入锅内加热，无
须煮至沸腾。
2. 在将要沸腾之前把火关掉，加入蛋黄后迅
速用起泡器搅拌。
3. 完成后倒入温热过的咖啡杯中。

Point

　　蛋奶咖啡也被称为"恺撒米朗琪"。"恺撒"是指"帝王"，"米朗琪"是有"混合"之意。
这道饮品据说是因为奥地利皇帝弗朗茨·约瑟夫一世喜欢吃鸡蛋而得名。

第 5 章　花式咖啡 & 甜品

# 冰咖啡基底

在炎热的夏季，最想喝上一杯冰咖啡吧！除了轻松制作冰咖啡之外，用水果或奶油调制成的花式冰咖啡也会让你感受到如品尝美味甜品一般的享受。

# 冰镇牛奶咖啡
## Iced café au lait

由浓咖啡和牛奶制作而成，是超经典的冰镇花式咖啡，适合用超大杯大口喝。

● **材料**

冰咖啡 ┃ 80ml

牛奶 ┃ 80ml

冰块 ┃ 适量

● **制作方法**

1. 将牛奶倒入玻璃杯内。

2. 往玻璃杯内装满冰块。

3. 将冰咖啡缓缓倒入装满冰块的玻璃杯中，但不要和牛奶一起搅拌。

Point

慢慢地注入冰咖啡，会使牛奶和咖啡自动分层，精致时尚的高玻璃杯会让整体造型更加漂亮。

# 维也纳冰咖啡
## Iced vienna coffee

这是一种发源于奥地利的花式咖啡，当奶油溶入咖啡中时，尽情享受那柔软顺滑的口感吧！

● **材料**

冰咖啡 ｜ 160ml

发泡奶油（参考 P101）｜适量

冰块｜适量

● **制作方法**

1. 在玻璃杯里放入适量冰块，倒入冰咖啡。

2. 将发泡奶油覆于冰咖啡的表面，注意不要全部覆盖，可在侧面留一点空隙。

Point

在甜度不够的情况下，制作发泡奶油时可增加砂糖的量，或者加入一些糖浆（参考 P93）。

# 冰镇甜奶咖啡

## Iced petit au lait

这是初学者也能轻易做出清晰分层的鸡尾酒风味花式咖啡，用细玻璃杯盛放会更添时尚感。

● **材料**

冰咖啡 | 50ml

牛奶 | 30ml

糖浆（参考 P93） | 20ml

冰块 | 适量

● **制作方法**

1. 将牛奶和糖浆倒入细玻璃杯后搅拌。

2. 往玻璃杯内加满冰块后，缓慢地倒入冰咖啡。

Point

　　只有牛奶和咖啡不太容易做出漂亮的分层，但若在牛奶里加入糖浆，就可以加重牛奶的重量，这样就能轻松地做出鲜明的层次了。

# 冰镇爪哇摩卡

Iced mocha java

咖啡的苦味和巧克力的浓香巧妙地融合在一起，能享受到如甜品一般的香甜口感，
通常是咖啡店里的人气单品。

## ● 材料

冰咖啡 | 45ml

牛奶 | 100ml

糖浆（参考P93） | 15ml

巧克力酱（参考P102） | 20ml

发泡奶油（参考P101） | 适量

薄荷叶 | 适量

冰块 | 适量

## ● 制作方法

1. 将40ml牛奶和20ml巧克力酱放入玻璃杯内，充分搅拌。

2. 加入和玻璃杯等高的冰块，再缓慢地倒入加了糖浆的冰咖啡。

3. 将剩下的牛奶慢慢地倒入盛有冰块的玻璃杯内。

4. 将发泡奶油和巧克力酱（额外准备的）轻轻搅拌成大理石纹状后覆于咖啡的顶部，最后加薄荷叶装饰。

Point

没有巧克力酱的话，可以用可可代替牛奶和巧克力酱，分量约120ml即可。

# 甜品冰咖啡

## Dessert iced coffee

添加了水果系风味糖浆后变身水果茶的咖啡，再加入碳酸水，
请享受这种奇妙组合所带来的全新口味吧！

● **材料**

冰咖啡 ｜ 80ml

草莓味糖浆（参考 P102）｜ 10ml

碳酸水 ｜ 40ml

香草冰激凌 ｜ 适量

草莓 ｜ 1 颗

冰块 ｜ 适量

● **制作方法**

1. 放入和玻璃杯等高的冰块后，倒入冰咖啡。

2. 加入草莓味糖浆和碳酸水。

3. 顶部放上一个香草冰激凌球，并将切好的
草莓放在玻璃杯边缘做装饰。

Point

水果系风味的糖浆很百搭，可以多尝试一些不同的口味。

第
5
章
花
式
咖
啡
&
甜
品

# 姜汁冰咖啡

## Iced ginger coffee

味道略微辛辣和刺激的自制蜂蜜生姜提升了咖啡的口感，是让人感觉清爽舒畅的花式咖啡。

## ● 材料

冰咖啡 | 140ml

蜂蜜生姜 | 3 大勺

碳酸水 | 80ml

冰块 | 适量

## ● 制作方法

1. 把蜂蜜生姜和碳酸水放进玻璃杯中，搅拌均匀。

2. 放入和玻璃杯等高的冰块，缓慢地将冰咖啡倒入装满冰块的玻璃杯中。

### 蜂蜜生姜的制作方法

1. 生姜 100g，去皮，削成薄片（或者切丝）。

2. 将生姜片（丝）快速冲洗后，用厨房用纸将水擦净，放入瓶内。

3. 在瓶内加入蜂蜜（约 100ml），放置 1 天即可食用。

### Point

也可以用市面上销售的姜汁汽水来代替自制的蜂蜜生姜，不过，使用手工自制的蜂蜜生姜会让香味和辛辣味更加鲜明浓郁。

# 姜片奶泡冰咖啡

## Iced ginger foamed coffee

只要在咖啡中加入少许生姜糖浆就能带出辛辣爽朗的口感，
特别适合在休闲时或者炎热的季节饮用。

● **材料** ————

冰咖啡 丨 120ml

生姜糖浆（参考 P102） 丨 15ml

干生姜片（干燥后的切片生姜）丨 适量

薄荷叶 丨 适量

冰块 丨 8 ~ 9 个

● **制作方法** ————

1. 将冰咖啡、生姜糖浆、5 ~ 6 个冰块放入鸡尾酒调酒器中甩动摇匀。

2. 在玻璃杯内放入 3 个冰块后，把步骤 1 中的材料倒入其中。

3. 最后用干生姜片、薄荷叶装饰。

Point

摇匀后会产生蓬松的泡泡，使口感柔和、清爽。可选择不同风味的糖浆，尝试不同的口味。

# 咖啡冰激凌

## Café float

在玻璃杯底部放入冰激凌，再倒入咖啡，即成外形新颖的咖啡冰激凌，
有各种各样的品尝方法。

● **材料**

冰咖啡 | 160ml

香草冰激凌 | 适量

发泡奶油（参考 P101） | 适量

焦糖糖浆 | 适量

草莓（装饰用） | 1 颗

冰块 | 适量

● **制作方法**

1. 在玻璃杯底部放入适量香草冰激凌后，
再在玻璃杯里加满冰块。

2. 缓慢地将冰咖啡倒进装满冰块的玻璃杯中。

3. 将发泡奶油铺满玻璃杯顶部，再淋上焦糖
糖浆，并用草莓装饰。

Point

放入杯底的香草冰激凌既可以待其溶化后和咖啡一起品尝，也可以直接用勺子舀着吃。

# 冰镇摩卡冰激凌
## Iced mocha float

这是在玻璃杯的底部放入咖啡果冻的甜品系咖啡冰激凌，食用方法是用勺子边吃边饮用。

● **材料**

冰咖啡 ∣ 60ml

牛奶 ∣ 60ml

咖啡果冻（参考 P156） ∣ 适量

香草冰激凌 ∣ 适量

薄荷叶 ∣ 适量

冰块 ∣ 适量

● **制作方法**

1. 把切成骰子状的咖啡果冻放入玻璃杯中，再加入与玻璃杯等高的冰块。

2. 加入牛奶，再缓慢地将冰咖啡倒入玻璃杯中。

3. 在顶部放上香草冰激凌，并用薄荷叶装饰。

Point

也可以将咖啡果冻切碎至能使用粗吸管直接吸食的大小。香草冰激凌的分量 35ml 为宜。

# 冰摩卡

## Mocha frost

碎碎冰的冰凉爽脆让人欲罢不能，这是和夏天绝配的甜品饮料。
好喝的奥秘是隐藏在咖啡里的香草冰激凌。

● **材料**

冰咖啡 | 100ml

糖浆（参考 P93） | 10ml

香草冰激凌 | 适量

巧克力酱（参考 P102） | 20ml

发泡奶油（参考 P101） | 适量

焦糖糖浆 | 适量

巧克力碎 | 适量

冰块 | 适量

● **制作方法**

1. 将冰咖啡、糖浆、香草冰激凌、巧克力酱和 5 ~ 6 个冰块放入搅拌机中搅拌 10 ~ 20 秒。

2. 往玻璃杯里加入适量冰块，将步骤 1 中的材料倒入玻璃杯，再在表面铺满发泡奶油。

3. 在顶部淋上焦糖糖浆，并用巧克力碎装饰。

> **Point**
>
> 因为成品是像冰冻糖汁一样的饮品，所以饮用时请使用勺子或者粗吸管。上面的做法是 1 杯的分量，但因为搅拌机里还有没用完的部分，所以一般推荐做 2 杯以上。香草冰激凌的分量 25ml 为宜。

# 杏仁牛奶咖啡

## Amaretto milk coffee

杏仁风味的利口酒是这款咖啡美味的关键，柔软温和的甜味与咖啡和牛奶混合，
是充满个性的单品。

● **材料**

冰咖啡 ｜ 100ml

牛奶 ｜ 80ml

杏仁利口酒 ｜ 20ml

糖浆（参考 P93）｜ 20ml

杏仁干 ｜ 2 个

冰块 ｜ 适量

● **制作方法**

1. 往玻璃杯里放入牛奶、杏仁利口酒和糖浆，
充分搅拌。

2. 放入与玻璃杯等高的冰块，缓慢地将冰咖
啡倒入装满冰块的玻璃杯中。

3. 最后放上杏仁干做装饰。

Point

　　杏仁利口酒是加入杏仁的种子制成的，散发着杏仁的香气，因为酒精度数有些高，可根据个
人的喜好来调整用量。

# 那不勒斯冰咖啡

## Iced café napoletano

咖啡和橙子的组合好像夕阳一样美丽，干橙片的装饰也让人联想到太阳。

## ● 材料

冰咖啡丨100ml

血橙汁丨50ml

糖浆（参考 P93）丨20ml

发泡奶油（参考 P101）丨适量

干橙片丨1 片

冰块丨适量

## ● 制作方法

1.将血橙汁和糖浆倒入玻璃杯中，充分搅拌。

2.放入适量的冰块，缓慢地将冰咖啡倒入装满冰块的玻璃杯中。

3.表面覆上大量的发泡奶油，最后用干橙片装饰。

Point

血橙汁是用血红的橙子榨出的汁，颜色很美，像红宝石一样，味道则和普通的橙汁差不多。

# 芒果苏打咖啡冰激凌

## Mango & coffee soda float

这是芒果时令一定要尝试的单品，鲜艳的明黄色非常漂亮，
是像鸡尾酒一般的充满度假风情的冰饮。

● **材料**

冰咖啡 ｜ 100ml

芒果糖浆 ｜ 20ml

碳酸水 ｜ 90ml

香草冰激凌 ｜ 适量

芒果 ｜ 适量

薄荷叶 ｜ 适量

冰块 ｜ 适量

● **制作方法**

1.往玻璃杯内倒入芒果糖浆和碳酸水后，
充分搅拌。

2.放入和玻璃杯等高的冰块，缓慢地将冰咖
啡倒入装满冰块的玻璃杯中。

3.放上香草冰激凌，并用切好的芒果粒和薄
荷叶装饰。

Point

　　可以用芒果糖浆来调味，也可以用市面上销售的那种淋在刨冰上的糖浆，一定要充分搅拌后
再喝。香草冰激凌的分量35ml为宜。

## 意式浓缩咖啡基底

以口味浓厚的意式浓缩咖啡为基底的
花式咖啡，和味道同样强烈的奶油或肉桂
等很相配。这里介绍 10 种喝完让人流连
忘返的咖啡单品。

# 花生巧克力奶泡

## Peanut cup

其中的花生酱口感浓郁，是一款让人入口难忘的大容量单品，
因为会形成漂亮的分层，所以要用耐热玻璃杯盛装。

● **材料**

意式浓缩咖啡 ｜ 30ml

巧克力酱（参考 P102 ） ｜ 15ml

花生酱 ｜ 1 大勺

奶泡（参考 P100） ｜ 适量

发泡奶油（参考 P101） ｜ 适量

巧克力酱（装饰用） ｜ 适量

花生碎 ｜ 适量

● **制作方法**

1. 在温热过的咖啡杯内放入巧克力酱和花生酱，充分搅拌。

2. 缓慢地倒入意式浓缩咖啡。

3. 用勺子将奶泡舀至咖啡顶部，中间再放上发泡奶油。

4. 淋上巧克力酱，最后用花生碎装饰。

Point

如果最后想呈现出漂亮的分层，就需要将巧克力酱和花生酱充分搅拌之后再装入咖啡杯内。

# 爱尔兰奶油拿铁

## Spicy irish cream latte

爱尔兰威士忌的醇厚香气和肉桂的辛辣香气是最佳搭配，这是成年人才能享受的花式咖啡。

● **材料** ————————

意式浓缩咖啡 ┃ 30ml

肉桂糖浆（参考 P102）┃ 7ml

爱尔兰奶油糖浆（参考 P102）┃ 15ml

奶泡（参考 P100）┃ 适量

● **制作方法** ————————

1. 把肉桂糖浆和爱尔兰奶油糖浆倒入温热过的咖啡杯中。

2. 缓慢地倒入意式浓缩咖啡。

3. 用勺子将奶泡舀至咖啡表面。

Point

　　也可以用香草糖浆或榛子糖浆来代替爱尔兰奶油糖浆，味道也很相配。其实只要是和肉桂糖浆口味相配的糖浆就可以。

# 甜酒卡布奇诺

## Amazake cappuccino

是由甜酒和意式浓缩咖啡组合出的一款新颖的日式调制咖啡，柚子的香气让日式风味更加明显。

● **材料**

意式浓缩咖啡 | 60ml

甜酒 | 50ml

奶泡（参考 P100）| 适量

柚子皮碎 | 适量

● **制作方法**

1. 往耐热玻璃杯内倒入甜酒，用勺子舀入奶泡覆盖其上。

2. 缓慢地倒入意式浓缩咖啡。

3. 用柚子皮碎装饰。

Point

　　将意式浓缩咖啡缓慢地注入咖啡杯之后，比意式浓缩咖啡更轻的奶泡就会浮上来，呈现出漂亮的 3 个分层。不熟练的话，也可以在倒入意式浓缩咖啡之后再添加奶泡。充分搅拌之后再饮用。

# 冰镇拿铁咖啡

## Caffè latte freddo

醇厚甘苦的意式浓缩咖啡是炎热夏季的绝佳搭配，是冷藏之后想一口气喝完的单品。

● **材料**

意式浓缩咖啡 | 30ml

牛奶 | 100ml

冰块 | 适量

● **制作方法**

1. 将意式浓缩咖啡冷藏后备用。

2. 往玻璃杯内倒入牛奶，放入大量冰块。

3. 从玻璃杯的一侧将步骤1中的咖啡适量倒入其中，待其和牛奶适度混合后，再一次性全部倒入。

Point

意式浓缩咖啡经冷藏之后苦味更甚，如果甜度不够，可加入适量糖浆。

# 冰镇卡布奇诺
## Iced cappuccino

这款咖啡好喝的诀窍是制作出像积雨云一般蓬松的奶泡，口感柔滑细腻，使人愉悦。

● **材料**

意式浓缩咖啡 ｜ 30ml

牛奶 ｜ 60ml

奶泡（参考 P100） ｜ 4 ~ 6 大勺

冰块 ｜ 适量

● **制作方法**

1. 将意式浓缩咖啡冷藏后备用。

2. 往玻璃杯内倒入牛奶，加入适量冰块。

3. 用勺子将奶泡舀至顶部，覆盖至看不见冰块的程度。

4. 最后将步骤 1 中的咖啡缓缓地倒入装有冰块的玻璃杯内。

Point

美味的关键是要有足量的奶泡，尽可能做出细腻的泡沫。

# 冰镇意式浓缩

## Caffè freddo

通常由2杯量的意式浓缩咖啡制成，慢慢地享受成年人更能体会的苦涩口感吧！
柠檬清冽的香气和意式浓缩咖啡很配。

● **材料** ————

意式浓缩咖啡 | 60ml

柠檬 | 适量

碎冰 | 适量

冰块 | 适量

● **制作方法** ————

1. 将意式浓缩咖啡冷藏后备用。

2. 在鸡尾酒调酒器中倒入步骤1中的咖啡和5～6个冰块后，摇晃混合。

3. 在玻璃杯中放入碎冰之后，倒入步骤2中的材料，把柠檬切成梳子状的半椭圆小块，插在杯口装饰。

Point

　　开始时可直接饮用，然后再添加糖浆（参考P93），最后再滴入挤出的柠檬汁，可以一次性享受3种不同的风味。

# 冰镇意式奶油咖啡

## Iced bianco espresso

像鸡尾酒一般的杯沿装饰是重点，享受咖啡粉、砂糖把杯沿全部沾满，
和意式浓缩咖啡调和在一起的美味吧！

● **材料**

意式浓缩咖啡 ｜ 60 ~ 70ml

糖浆（参考 P93） ｜ 20ml

牛奶 ｜ 30ml

生奶油（乳脂含量 35%） ｜ 20ml

意式浓缩专用的深度烘焙咖啡粉 ｜ 适量

细砂糖 ｜ 适量

巧克力酱（参考 P102） ｜ 适量

冰块 ｜ 适量

Point

充分搅拌之后，可不用吸管直接饮用。

● **制作方法**

1. 将意式浓缩咖啡冷藏后备用。

2. 在盘子里放入咖啡粉和细砂糖，并将其搅拌均匀。

3. 在玻璃杯杯沿均匀涂满巧克力酱后，将玻璃杯倒过来，使其沾满步骤 2 中的混合粉。

4. 将步骤 1 中的咖啡和糖浆充分搅拌之后，倒入步骤 3 的玻璃杯中，再加入适量冰块。

5. 将牛奶和生奶油充分搅拌之后，缓慢地注入玻璃杯中。

# 冰摇咖啡

## Caffè freddo shakerato

夏日的咖啡时光应该是属于时尚新潮的意式浓缩冰咖啡的，
用调酒器快速冷却的制作方法相当经典。

● **材料**

意式浓缩咖啡 丨 30ml

糖浆（参考 P93） 丨 30ml

咖啡豆 丨 适量

冰块 丨 5 ~ 6 个

● **制作方法**

1.在调酒器里倒入意式浓缩咖啡、糖浆和 5 ~ 6
个冰块，摇晃调匀。

2.将步骤 1 中的材料倒入玻璃杯，最后放上咖
啡豆装饰。

Point

　　往调酒器中加入意式浓缩咖啡和冰块，然后快速摇匀冷却，这种调制方式与常规的往玻璃杯
中加冰块的方式相比（的好处是），即使时间长了（冰块融化），咖啡的味道也不会变淡。

# 火箭

Rocket

注入足量的意式浓缩咖啡使味道更加鲜明，是适合成年人口味的单品，
这种程度的刺激恰好适合炎热的夏天。

## ● 材料

意式浓缩咖啡 ｜ 30ml

糖浆（参考 P93） ｜ 30ml

碳酸水 ｜ 30ml

牛奶 ｜ 60ml

发泡奶油（参考 P101） ｜ 适量

意式浓缩咖啡专用的深度烘焙咖啡粉 ｜ 适量

冰块 ｜ 适量

## ● 制作方法

1. 将意式浓缩咖啡冷藏后备用。

2. 将步骤 1 中的咖啡和糖浆倒入玻璃杯内后充分搅拌。

3. 放入和玻璃杯等高的冰块，加入碳酸水后搅拌。

4. 将牛奶缓慢地倒入装有冰块的玻璃杯内，顶部放上足量的发泡奶油，最后撒上咖啡粉装饰。

Point

因为在意式浓缩咖啡里加入了糖浆，所以，为了避免太甜，尽量不要使用带甜味的碳酸水。

第 5 章　花式咖啡 & 甜品

# 冰镇摩卡拿铁

Caffè latte freddo al cocoa

在含有足量牛奶的巧克力饮品中加入意式浓缩咖啡的甘苦，丰富的口感使其大受欢迎。

● **材料**

意式浓缩咖啡 ｜ 60ml

巧克力酱（参考 P102）｜ 15ml

牛奶 ｜ 60ml

糖浆（参考 P93）｜ 15ml

奶泡（参考 P100）｜ 适量

可可粉 ｜ 适量

冰块 ｜ 适量

● **制作方法**

1. 将意式浓缩咖啡冷藏后备用。

2. 将巧克力酱放入玻璃杯内，再加入与玻璃杯等高的冰块。

3. 往牛奶里加入糖浆，并缓慢地倒入装有冰块的玻璃杯中。

4. 将步骤 1 中的意式浓缩咖啡缓慢地倒入步骤 3 的玻璃杯中。

5. 用勺子将奶泡舀至咖啡的顶部，最后撒上可可粉装饰。

Point

也可以用巧克力酱代替可可粉做装饰，在牛奶里放入糖浆时要注意控制甜度。

# 挑战咖啡拉花艺术

这款咖啡上可爱的图案让人不由得感受到一种温暖。而这些可爱的图案，其实是用意式浓缩咖啡或者深度烘焙的浓醇咖啡作为基底，在上面铺满细密的奶泡之后创作而成的。

## 准备（通用）

把牛奶倒入耐热玻璃杯内，用牛奶打泡机打出泡沫（如图所示，附带耐热玻璃杯的打泡机使用起来比较方便）。

将意式浓缩咖啡倒至咖啡杯的 6 ～ 7 分满，然后把上一步中做好的奶泡缓慢地注满至咖啡杯杯沿，并将表面整平。

* 意式浓缩咖啡的量在 30 ～ 60ml。实际用量请根据咖啡杯的大小调节。

## 心形主题

### ● 材料

牛奶 ｜ 100ml

意式浓缩咖啡 ｜ 适量

覆盆子酱 ｜ 适量

### ● 工具

牛奶打泡机

耐热玻璃球状容器

竹扦

番茄酱所用容器

### ● 制作方法

1. 预先将覆盆子酱装入番茄酱所用容器里，挤出 5 个直径为 1cm 的圆。

2. 用竹扦从右侧最上面圆的中心开始画一条线至第 3 个圆的中心。

3. 把竹扦擦干净后，用同样的方法在左边的 2 个圆圈的中心画同样的线。

1　2　3

## ▌向日葵主题

### ● 材料
牛奶丨100ml
意式浓缩咖啡丨适量
巧克力酱丨适量

### ● 工具
牛奶打泡机
耐热玻璃球状容器
竹扦
番茄酱所用容器

### ● 制作方法

1. 事先将巧克力酱放入番茄酱所用容器里，然后在咖啡表面中间靠上的位置画2个圆作为向日葵的花朵部分。

2. 叶子的部分画波浪线来表示，茎的部分画直线来表示。

3. 用竹扦从两个圆的中央开始向外侧画6条线。

4. 和上一页心形主题的步骤2一样，用竹扦从两侧波浪线的中间画线到直线（茎）的底部。

## ▌使用拉花模具

### ● 材料
牛奶丨100ml
意式浓缩咖啡丨适量
可可粉丨适量

### ● 工具
牛奶打泡机
耐热玻璃球状容器
拉花模具
滤茶网

### ● 制作方法

1. 准备拉花模具，可以从商店购买（下图1中白色的2个），也可以在塑料薄板上挖出自己想要的图案（下图1中蓝色的），用纸板自制也可以。

2. 将模具的一端用夹子夹住，放在咖啡杯的上面。

3. 通过滤茶网少量均匀地撒上可可粉，再轻轻地把模具移走。

\* 根据图案准备模具，使用抹茶粉等彩色粉料，就可以做出和下图中一样的颜色鲜艳的图案啦！

# 甜品

　　如果你在家泡好了一杯咖啡，为什么不顺道自己做一些甜品来搭配享用呢？在这里，我们挑选了6种与咖啡非常相配的甜品，并逐一介绍它们的制作方法。

# 意大利脆饼

Biscotti

経过两次烘烤将水分都去掉了的脆硬饼干，正宗的意大利吃法是将饼干浸透咖啡后食用。

## ● 材料（最易制作的分量）

细白砂糖 ┃ 180g
鸡蛋（大颗）┃ 2 个
蛋黄 ┃ 2 个
特级初榨橄榄油 ┃ 2 小勺
带皮杏仁 ┃ 60g
A 全麦粉 ┃ 120g
　　杏仁粉 ┃ 30g
　　泡打粉 ┃ 1/4 小勺
B 全麦粉 ┃ 100g
　　杏仁粉 ┃ 30g
　　可可粉 ┃ 20g
　　泡打粉 ┃ 1/4 小勺
蛋黄液（上光用）┃ 适量

## ● 准备工作

将 A 和 B 各自混合。
↓
烤箱预热至 180℃。

## ● 制作方法

1. 准备 2 个碗，分别加入细白砂糖 90g、鸡蛋 1 个、蛋黄 1 个，用打泡机搅拌，再各添加 1 小勺橄榄油，再次搅拌。

2. 在 2 个碗中分别加入带皮杏仁 30g，再将搅拌过后的材料 A 和 B 分别加入碗中混合。在各自搅拌至不黏稠的程度时，将 2 个碗中的混合物合在一起。

3. 在烤盘上垫上烘焙纸，将步骤 2 最后混合好的面糊做成宽 5cm、高 2cm 的椭圆形小块，然后整齐地摆放好。

4. 将上光用的蛋黄液均匀涂在椭圆形小块的表面，放入烤箱，在 180℃的温度下烘烤 30 ~ 40 分钟。

5. 烘烤结束后，趁热将饼干切成 1.5cm 宽，切口向上重新摆放，用 150℃烘烤 7 分钟，再上下翻面烤 7 分钟。

## Memo

这是意大利托斯卡纳地区的传统甜点，不仅跟普通咖啡相配，将其浸泡在意式浓缩咖啡或者卡布奇诺里食用也很美味。

# 黑糖核桃蛋糕

Brown sugar and walnut pound cake

一款能体现黑糖温润甜味的简单烤制点心，适合和充分萃取的美味咖啡一起享用。

● **材料**（18.5cm × 8.5cm × 6cm 的磅
　　　　蛋糕模具 1 个）

全麦粉 ┃ 100g

泡打粉 ┃ 1/3 小勺

无盐黄油 ┃ 100g

砂糖 ┃ 80g

黑糖糖浆（参考 P102） ┃ 15ml

鸡蛋（大颗） ┃ 2 个

纯酸奶 ┃ 15g

核桃仁 ┃ 2 大勺

朗姆酒（涂层用） ┃ 1 大勺

黑糖糖浆（涂层用，参考 P102） ┃ 1/2 大勺

● **准备工作**

黄油在室温下软化。
↓
全麦粉和泡打粉混合均匀。
↓
核桃仁粗切。
↓
烤箱预热至 160℃。

● **制作方法**

1. 在碗中放入软化好的黄油和砂糖，搅拌至颜色发白、体积变大。

2. 将鸡蛋打散，少量地添加进步骤 1 的材料中充分搅拌，注意不要一次性全部放入，否则会导致蛋液和搅拌物分离。

3. 加入酸奶和黑糖糖浆搅拌均匀，再加入已充分混合的全麦粉和泡打粉，再次搅拌均匀。

4. 搅拌至没有粉末残留的状态后加入核桃仁，再次轻轻搅拌。

5. 将步骤 4 中的材料倒入已铺好烘焙纸的磅蛋糕模具中，放入烤箱，在 160℃的温度下烘烤 40 分钟左右。

6. 从模具中将蛋糕取出，趁热涂上朗姆酒和黑糖糖浆的混合液。

**Memo**

这一款不太甜的磅蛋糕。除了核桃仁外，还可以加入杏仁、夏威夷果等坚果、干果。

# 美式曲奇

American cookie

> 既松软又不失嚼劲的曲奇，非常适合搭配浅烘焙的美式咖啡。

## ● 材料

无盐黄油｜55g

砂糖｜25g

红糖｜20g

蛋液｜30g

全麦粉｜90g

泡打粉｜4g

盐｜适量

A　巧克力豆｜30g

　　核桃仁｜25g

　　葡萄干｜20g

B　白巧克力｜30g

　　花生｜25g

## ● 准备工作

黄油在室温下软化。

↓

全麦粉和泡打粉混合均匀。

↓

核桃仁、白巧克力、花生粗切。

↓

烤箱预热至180℃。

## ● 制作方法

1. 在碗中放入无盐黄油，打发成奶油状，加入砂糖和红糖后搅拌均匀，再少量多次地倒入蛋液，充分搅拌。

2. 往混合后的全麦粉和泡打粉里加盐，并充分搅拌。

3. 将步骤2中的材料分成2等份，分别放入2个碗中，再分别加入材料A和B。

4. 在烤盘上垫上烘焙纸，将步骤3中的2种面糊用勺子舀起，揉捏成圆形，再间隔摆放。

5. 放入烤箱，在180℃的温度下烘烤8～10分钟。

## Memo

只要将所有材料搅拌均匀后，用勺子舀起并揉捏成圆形就可直接摆盘烘烤的曲奇，做法简单，里面添加的材料及其尺寸大小都可以根据自己的喜好自由调整。

# 咖啡果冻

Coffee jelly

完全用萃取的咖啡液制作而成，是最美味的咖啡美食，搭配有足量牛奶的卡布奇诺一起食用味道最佳。

● **材料**（15cm × 13.5cm 的方形果冻 ────
　　 模具 1 个）

冰咖啡 ｜ 300ml

明胶（薄片或粉粒）｜ 10g

橙味库拉索（一种利口酒）｜适量

发泡奶油（参考 P101）｜适量

杏仁薄片（烘烤味）｜适量

● **制作方法** ────

1. 将冰咖啡放入锅内煮至温热，有水汽冒出（注意不要煮至沸腾）。

2. 将泡好的明胶加入步骤 1 的咖啡中溶化，过滤之后倒入橙味库拉索搅拌。

3. 将步骤 2 的材料倒入方形模具后，放入冰箱冷藏室待其冷却凝固。

4. 将步骤 3 中冷却好的材料切成大小均匀的块状放入碗中，放上发泡奶油后，用杏仁片装饰。

5. 根据个人喜好淋上果胶糖浆或者自制糖浆（参考 P93）。

● **准备工作** ────

将明胶放入水中浸泡。

**Memo**

美味的秘诀是作为原料的冰咖啡。一定要使用地道的、醇香美味的冰咖啡。

# 米粉卷蛋糕

Rice powder roll cake

加入奶油和甜纳豆后带来的口感和甜味，最适合
与香味独特的咖啡一起品尝。

● **材料**（25cm × 25cm 的面板 1 个）——

鸡蛋（大颗）| 3 个

上白糖 | 80g

米粉 | 25g

全麦粉 | 30g

初榨特级橄榄油 | 1 大勺

糖浆（参考 P93）| 20ml

发泡奶油（参考 P101）| 适量

甜纳豆 | 60g

● **准备工作** ——

全麦粉和米粉混合均匀。

↓

橄榄油内倒入 1 大勺温水，充分搅拌。

↓

烤箱预热至 180℃。

● **制作方法** ——

1. 碗里放入鸡蛋，加入上白糖和开水，用打
泡器搅拌至提起打泡器时面糊可以像丝带一
样顺畅地流下即可，然后放置备用。

2. 加入混合均匀的米粉和全麦粉后快速搅拌，
等到看不到粉末时添加温水调和过的橄榄油，
再次搅拌。

3. 将步骤 2 中的材料倒在放有烘焙纸的面板
上，把材料表面整平。

4. 放入烤箱，在 180℃的温度下烘烤 10 ~ 12
分钟，烤完之后取出，静置冷却。

5. 待完全冷却之后涂上糖浆，放上发泡奶油，
再撒上甜纳豆。

6. 用保鲜膜包好，放入冰箱冷藏静置。

7. 吃之前切成方便食用的大小，可根据个人
喜好添加上白糖。

**Memo**

蛋糕中加入米粉后，即使时间长了也能有保持松软的口感，除了甜纳豆，也可以加入水果或坚果。

# 半熟芝士蛋糕

No-bake cheesecake

口感绝佳、清爽芳香的一款甜品，非常适合搭配拥有独特香味的醇香型咖啡。

● 材料（直径15cm的圆形模具1个）

牛奶 | 150ml

薄片明胶 | 8g

生奶油（乳脂含量35%）| 250ml

海绵蛋糕（直径15cm的成品）| 1个

蓝莓（新鲜）| 适量

蓝莓酱（可购买）| 适量

A 砂糖 | 60g
  蛋黄 | 1个

B 奶油芝士 | 200g
  柠檬汁 | 1/2 个柠檬的量
  柠檬皮碎 | 1/2 个柠檬的量

● 准备工作

奶油芝士在常温下软化。
↓
薄片明胶放在水中浸泡。

● 制作方法

1. 把牛奶放入锅内煮至温热，注意不要使其沸腾。

2. 将材料A放入碗中，搅拌至呈白色。

3. 将步骤2中的材料加入步骤1的材料中充分搅拌，过滤后，重新倒回锅内。

4. 小火状态下，用木铲充分搅拌，直至达到勾芡的程度，就将锅从火上移开。

5. 将薄片明胶沥干水，加入步骤4的材料中搅拌至完全溶化后，静置使其降温。

6. 在新的碗中加入材料B搅拌均匀，再加入步骤5中的材料，将碗底浸入冰水中降温，并用橡胶刮刀铲搅拌。

7. 使生奶油充分发泡后，加入步骤6的材料中搅拌，直到材料均匀混合，拉起时能够顺畅滴落即可。

8. 将步骤7的材料的1/3倒入圆形模具，切出5mm厚的海绵蛋糕轻轻压在上面；再倒入1/3量的步骤7的材料之后，轻轻压上5mm厚的海绵蛋糕；最后将剩下的步骤7的材料倒入模具，冷藏2～3小时至冷却凝固。

9. 轻轻地将模具拿走，并将蛋糕切成方便食用的大小，最后撒上蓝莓或者浇上蓝莓酱即可食用。

Memo

除了蓝莓酱，还有很多其他风味的果酱可以尝试，试着找到自己喜欢的口味吧。

第 **6** 章

如何购买美味的咖啡豆

　　品尝过高品质的咖啡之后，就会想要喝更好的，这时候最重要的就是挑选到美味的咖啡。在体验过"好的咖啡豆果然很美味"之后，冲泡咖啡的过程就会变得更加有趣，我们也更能体会到咖啡世界的广阔。因此，请一定要尝试一次高级、优质的咖啡豆。

# 购买美味咖啡豆必备的基础知识

在冲泡手法变得更加稳定之后，应该就会考虑如何能买到优质的咖啡豆了吧，接下来为大家总结一些购买时的注意要点，以及购买优质咖啡豆时需要了解的基础知识。

## 基础知识 1

### 寻找好的咖啡豆店

有的咖啡豆专卖店里，空气中都飘满浓香，但是只有香味并不能判断这是否是一家好店。香味是为了吸引顾客，实际上，为了避免潮湿、炎热或酸化，咖啡豆应该被密封保存在阴凉处，不应该散发出香味。好的咖啡豆拥有的浓醇香气是不会在店内直接闻到的。而且，在注重新鲜度的商店，你拿到手的咖啡豆是密封包装的。另外，研磨过的咖啡豆在"注入热水时咖啡粉会膨胀"也是挑选的重点。

如今在自家店里烘焙自制的情况比较多，但要看店家烘焙技术是否过关，可以用手指用力挤压咖啡豆检查一下状况。若咖啡豆完全没有碎是加热不充分，若咖啡豆碎成细末的话则是加热过度。"手指挤压后咖啡豆啪地碎成几片"是最好的状态。当然，烘焙之后咖啡豆颜色均一也是检验标准之一。

一些好的商店对混合咖啡比较讲究，会使用高品质的咖啡豆，可以尝试购买，看它是否好喝，是否符合自己的喜好。

### 好咖啡豆店的条件

☐ 购买的咖啡豆有浓醇的香气
☐ 咖啡豆密封包装
☐ 注入热水时咖啡粉会膨胀
☐ 手指挤压咖啡豆会"啪"地一下碎成几片
☐ 烘焙之后颜色均一
☐ 混合咖啡豆都使用高品质的咖啡豆

## 基础知识 2

### 关注受欢迎的品种

日本是咖啡饮用大国，但咖啡的生产量几乎为 0。高品质的咖啡豆大多依靠进口，采购时需要注意鉴别。曾经有着超高人气的蓝山咖啡，也传闻因为需求量太大而品质下降——实际上虽然"蓝山"的进口量不断上升，真品却只是少部分。专业人员也不能仅仅通过咖啡豆的外表判断，只有在饮用时才能区分。因为可能有买到假货的风险，所以建议找一家值得信赖的咖啡店，或者尝试一下中南美洲的精品咖啡。

## 基础知识 3

### ▌了解咖啡豆的评级内容

　　美味咖啡豆的选择标准之一是参考咖啡豆的评级。精品咖啡的有关内容我们在 P19 ~ P20 也介绍了一些，除此之外，还有顶级咖啡、极品咖啡等比一般市场流通的标准咖啡价格稍高的品牌咖啡。但是这些都不是很明确的标准，根据口味不同导致评价不同的情况也有很多。还有一些其他的认证制度，是根据自然环境和农场的劳动状况等条件的改善而制定的，是有明确标准的。最近有些咖啡因品质稳定而受到越来越高的评价，比如公平贸易咖啡和雨林咖啡等。下面会介绍一些评级标准，购买时可以作为参考。

## 基础知识 4

### ▌混合咖啡的品质由咖啡豆本身决定

　　最后介绍一下混合咖啡。可能有人会认为在咖啡店等地方出售的价格高的咖啡豆才是"纯种咖啡"，混合咖啡用的都是"既便宜、品质又差的咖啡豆"，其实不然。虽然确实有一些混合咖啡使用劣质咖啡豆，但是最近高级的精品咖啡品牌也开始出售混合咖啡了。各种各样咖啡豆的优点能搭配成功的话，出现比纯种咖啡好喝很多的情况也很常见。另外，在商店购买到了优质的混合咖啡之后，自己尝试制作混合咖啡时对咖啡豆的理解也会更深。本书所介绍的内容只是作为参考，一定要在家尝试自己调配混合咖啡。

---

### 咖啡豆的主要评级

**精品咖啡**

　　特定的咖啡农庄和种植地所产的咖啡豆，因为正确的品质管理和合适的运输及保存，几乎不会变质。这类咖啡豆在烘焙之后可以充分地表现出各生产地特定的风味，是各国精品咖啡协会认定的高品质咖啡。

**顶级咖啡**

　　高品质咖啡，不只是名字有名，味觉方面得到的高评价也使其价格上涨（说法不一）。

**极品咖啡**

　　高品质咖啡中备受美食家关注的品牌（说法不一）。

**标准咖啡**

　　市场上消费最多的一般咖啡。

**公平贸易咖啡**

　　由于稳定的农场经营保证了稳定的交易价格，所以买主跟农场签订了长期契约，作为回报，农场通过健康的、对环境友好的种植法生产咖啡。

**有机咖啡**

　　根据国际标准的堆肥等方法将有机物作为主要肥料，在保护自然环境的前提下，通过提高土地本身的肥力让农作物健康成长，是安全又能保证美味的有机种植条件下生产出来的咖啡。

**雨林咖啡**

　　旨在保护热带雨林和支援社区的国际 NGO 组织（非政府组织）认证的咖啡。这些组织在提高生产量的同时，也在积极开拓市场，从研究保护环境的农业生产方法等方面支援农庄，与此同时，农庄也要遵循环境、社会、经济等方面的各种条件和要求。

第 6 章　如何购买美味的咖啡豆

# 南美洲

## South America

| 主要生产国 |
| --- |
| □ 巴西联邦共和国 |
| □ 哥伦比亚共和国 |
| □ 秘鲁共和国 |
| □ 委内瑞拉玻利瓦尔共和国 |

## 以"咖啡王国"为中心，产量占世界半数以上

南美的阿拉比卡种咖啡产量占据了世界上该种咖啡产量的一半以上。其中，产量第一的国家是巴西，第二是哥伦比亚。虽然委内瑞拉、玻利维亚、厄瓜多尔和秘鲁等国家也产咖啡，但就产高品质的咖啡豆而言，还是巴西和哥伦比亚独占鳌头。在这两个国家有很多大规模农庄里生产的咖啡豆品质中等，主要用于商业流通，同时，也有很多专注品质的小规模生产的农庄，这种多样性的生产环境只有这两个被称为"咖啡王国"的国家才能拥有。仅巴西一个国家，生产"精品咖啡"等级的咖啡豆农庄就有 40 个以上。

跟拥有较多大规模农庄的巴西相比，哥伦比亚不满 5 公顷的小庄园比较多，占到总量的 1/3。这里生产的咖啡豆也多属于精品咖啡。

## 口味均衡，推荐初学者尝试

巴西因为国土面积辽阔，气候、地理环境随产地不同而不同，所以咖啡豆的口味多种多样，农庄也因此拥有各自的特点和属性。相比其他产地的咖啡豆，巴西产的咖啡豆酸味较少，口感更温和。

哥伦比亚的咖啡豆通常因平和的甘甜和扎实的浓厚口感被大众所熟知。最近甘甜醇香并拥有优质酸味的咖啡豆的购买量开始增多。不管是哪个国家，高品质咖啡豆大多口味均衡，作为初学者，也应该要了解这一评价标准。

# 巴西 · 桑托斯 No.2

## Brazilian Santos No.2

### ▼ 混合咖啡豆为主

[ 类别 ] 标准咖啡

[ 生产国 ] 巴西

[ 合适的烘焙度 ] 高度烘焙 ~ 全城市烘焙

巴西产的咖啡豆，因从桑托斯港出货而得名，No.2 是根据巴西的输出规格所定的等级。这个规格非常严格，目前暂时没有 No.1 等级的咖啡豆出现，也就是说 No.2 就是最高等级了。醇香和口味均衡是这款咖啡豆的魅力所在。

香味 I ●●●●○

酸味 I ●●●●○

甜度 I ●●●○○

苦味 I ●●○○○

浓度 I ●●●○○

# 巴西 · 桑托斯 · 莫吉亚纳

## Brazilian Santos Mogiana

### ▼ 咖啡的代名词

[ 类别 ] 极品咖啡

[ 生产国 ] 巴西

[ 合适的烘焙度 ] 高度烘焙 ~ 法式烘焙

受到全世界喜爱的巴西原产咖啡豆，因为大多是从桑托斯港出货的，所以名字里也带有"桑托斯"。其中优质且人气高的是莫吉亚纳地区产的咖啡豆，强度适宜的苦味和清爽的香气是其魅力所在。

香味 I ●●●●○

酸味 I ●●●●○

甜度 I ●●●●○

苦味 I ●●○○○

浓度 I ●●●○○

第 6 章　如何购买美味的咖啡豆

167

# 巴西·阿立安萨·RA

## Brazilian Aliança RA

### ▼ 日裔人的严谨咖啡豆制作法

[ 类别 ] 极品咖啡

[ 生产国 ] 巴西

[ 合适的烘焙度 ] 高度烘焙~全城市烘焙

日裔人经营的阿立安萨农庄，和占有世界上 40% 的咖啡生豆精选机器的大厂家合作生产。圣保罗州莫吉亚纳地区适宜咖啡豆生长的气候，加上管理周到的设备，生产出了这种口味鲜明的巴西风味咖啡。

香味 | ●●●●○

酸味 | ●●○○○

甜度 | ●●●○

苦味 | ●●●●○

浓度 | ●●●○○

# 哥伦比亚·伊塞尔索

## Colombia Excelso

### ▼ 淡味咖啡的代表

[ 类别 ] 标准咖啡

[ 生产国 ] 哥伦比亚

[ 合适的烘焙度 ] 城市烘焙~全城市烘焙

哥伦比亚咖啡的特征是口感甘甜柔和。哥伦比亚产的咖啡豆只根据大小来划分等级。所以标准咖啡并没有特定的产地限制，比规定尺寸大的被称为"Supremo"，比规定尺寸小的被称为"Excelso"。

香味 | ●●●●○

酸味 | ●●●○○

甜度 | ●●●○○

苦味 | ●●○○○

浓度 | ●●●○○

# 哥伦比亚·特级·娜玲珑

## Colombia Supremo Narino
### ▼ Supremo 的最高品质

［类别］精品咖啡

［生产国］哥伦比亚

［合适的烘焙度］城市烘焙 ~ 法式烘焙

这是距厄瓜多尔国境线不远的娜玲珑地区种植的咖啡豆。因为使用了安第斯山脉的洁净水，种植出了极鲜明温和口感的 Supremo（大粒）。苦味和酸味完美均衡，还有十分突出的甘甜口感。

香味 | ●●●●○

酸味 | ●●●●○

甜度 | ●●●○○

苦味 | ●●○○○

浓度 | ●●●○○

# 哥伦比亚·纳兰霍

## Colombia Naranjo
### ▼ SCAA 比赛第 1 名

［类别］精品咖啡

［生产国］哥伦比亚

［合适的烘焙度］城市烘焙 ~ 法式烘焙

由坚持小规模生产，对口味执着的纳兰霍农庄出品。"纳兰霍"在西班牙语里是"橙子"的意思。和名字给人的印象一样，这种咖啡豆呈现的口感是优雅酸味和厚实甜味的完美结合，曾在2009年美国精品咖啡协会（SCAA）的评比中获得第 1 名。

香味 | ●●●●○

酸味 | ●●●●●

甜度 | ●●○○○

苦味 | ●●○○○

浓度 | ●●○○○

# 绿宝石山

## Emerald Mountain

### ▼ 哥伦比亚的象征

［类别］精品咖啡

［生产国］哥伦比亚

［合适的烘焙度］高度烘焙～全城市烘焙

能被冠以"绿宝石"之称的咖啡豆，是通过 FNC（哥伦比亚全国咖啡种植业者联合会）严格审查的极少数品种之一。其产量非常少，是像宝石一样的存在。顺滑卓越的温润口感和无与伦比的清爽香气，呈现出非常高级的口感。

香味｜●●●●○

酸味｜●●●●○

甜度｜●●○○○

苦味｜●●●○○

浓度｜●●●○○

# 蒙特阿尔托·有机

## Montealto Organic

### ▼ 有机栽培，手工采摘中的珍品

［类别］有机咖啡

［生产国］秘鲁

［合适的烘焙度］城市烘焙～法式烘焙

蒙特阿尔托位于秘鲁北部，这片区域由于独特的生态构成，微生物含量丰富，适合多种多样的动植物生长。这种有机栽培的咖啡豆是在位于海拔 1 650m 处的 5 个农庄种植的，所有的咖啡豆都是手工采摘。

香味｜●●○○○

酸味｜●●○○○

甜度｜●●●●●

苦味｜●●○○○

浓度｜●●●○○

# 中美洲·加勒比海

Central America & Caribbean Islands

## 小规模农庄居多，齐聚各种类型的咖啡豆

中美洲加勒比海地区的国土狭窄，即使是咖啡产量最多的洪都拉斯，其产量也只占世界咖啡生产总量的 4% 左右，但是若把这一地区的咖啡生产量全部加在一起，也能占到世界咖啡生产总量的 25% 以上。因为靠近赤道，所以给人天气很炎热的印象，但其实除去沿海地区之外，高原和山区也很多，极大的温差很适宜咖啡的种植。

和南美洲相比，中美洲大规模的农庄不太多，还是以小规模农庄为主，每个农庄都拥有丰富多彩的口味。用购买时装来类比的话，南美洲是大百货店，这里就是精品店。除了上面列举的国家以外，多米尼加、海地、波多黎各等国家和地区也生产高品质的咖啡。

## 香味浓郁的加勒比海沿岸各国，口味丰富的中美洲诸国

牙买加、古巴这两个靠近加勒比海的国家以"蓝山咖啡"（牙买加）、"水晶山咖啡"（古巴）为代表，因其浓郁的香气和温润细腻的口感而著名。

中美洲诸国就如上文所说的，每个农庄都有丰富多彩的口味：其中酸味和香气平衡得最好的还属哥斯达黎加和危地马拉产的咖啡豆；口感最温和的当属尼加拉瓜和墨西哥产的咖啡豆，前者的特征是充满水果香气，后者则大多有着被抑制的苦味。酸味显著的咖啡豆多产自巴拿马，而口味浓郁甘甜的则多产自萨尔瓦多。而洪都拉斯产的咖啡豆因其出色的外形和温润的酸味备受瞩目。

# 布鲁马斯红蜜

## Brumas Red Honey

#### ▼ 小型精制作坊特有的口味

[类别] 精品咖啡

[生产国] 哥斯达黎加

[合适的烘焙度] 高度烘焙 ~ 城市烘焙

哥斯达黎加的咖啡生产中心——中央谷地，主要都是生产使用小型精制处理设施制作，小批量地精细栽培和精制而成的咖啡豆。"红蜜"是一种制法的名称。这种咖啡豆拥有哥斯达黎加特有的适度酸味，以及果实的甘甜和像牛奶一样的顺滑口感。

香味 | ●●●○○

酸味 | ●●●●●

甜度 | ●●●○○

苦味 | ●●●●○

浓度 | ●●●○○

# 圣加布里埃尔·纯天然

## San Gabriel Natural

#### ▼ 独特的奶油甘甜

[类别] 精品咖啡

[生产国] 哥斯达黎加

[合适的烘焙度] 高度烘焙 ~ 全城市烘焙

圣加布里埃尔农庄处在哥斯达黎加的咖啡发源地——中央谷地附近的山脉区域。昼夜的极大温差让咖啡果实坚硬扎实，干燥的海风吹拂，又会引发出果实的甜味，这里有着非常适宜咖啡种植的气候，盛产高品质的咖啡豆。

香味 | ●●●●○

酸味 | ●●●○○

甜度 | ●●●○○

苦味 | ●●●●●

浓度 | ●●●○○

# 拉斯维多利亚橘波旁

## Las Victorias Orange Bourbon

**▼ 代表中美洲的稀有品种**

[ 类别 ] 精品咖啡

[ 生产国 ] 萨尔瓦多

[ 合适的烘焙度 ] 高度烘焙 ~ 城市烘焙

拉斯维多利亚庄园算是中美洲较早开始种植咖啡的庄园，大概始于 19 世纪后半期。橘波旁是大约 100 年前突然变异的稀少品种，这种咖啡豆有着清爽的酸味，并散发榛子香的甘甜。

香味 | ●●●●○

酸味 | ●●●○○

甜度 | ●●○○○

苦味 | ●●●●○

浓度 | ●●●○○

# 吉姆莫利纳 · 波旁

## Jaime Molina Bourbon

**▼ 拥有类似有机咖啡的高级口感**

[ 类别 ] 精品咖啡

[ 生产国 ] 尼加拉瓜

[ 合适的烘焙度 ] 城市烘焙 ~ 全城市烘焙

吉姆莫利纳位于尼加拉瓜和洪都拉斯国境沿线的塞哥维亚区域海拔 1 340 ~ 1 450m 处，是采用有机种植法的农庄。主要种植波旁 · 卡杜拉种，生产樱桃风味兼具上等甘甜口感的优质咖啡豆。

香味 | ●●●●○

酸味 | ●●●○○

甜度 | ●●●○○

苦味 | ●●●●○

浓度 | ●●●○○

# 御道 SHB

## Camino Real SHB

### ▼ 丰富大自然孕育出的咖啡豆

[ 类别 ] 精品咖啡

[ 生产国 ] 巴拿马

[ 合适的烘焙度 ] 高度烘焙 ~ 城市烘焙

于巴拿马西部、巴鲁火山东侧海拔 1 350m 处种植的咖啡。肥沃的火山灰土壤和适度的降水量非常适合优质咖啡豆的生长。"Camino Real"是"国王的道路"的意思,因为在大航海时代,这里曾是西班牙王国运送金子的路线,由此得名。

| | |
|---|---|
| 香味 | ●●●○○ |
| 酸味 | ●●●○○ |
| 甜度 | ●●●○○ |
| 苦味 | ●●●○○ |
| 浓度 | ●●●○○ |

# 危地马拉·波尔萨

## Guatemala La Bolsa

### ▼ 品质稳定的咖啡豆

[ 类别 ] 公平贸易咖啡

[ 生产国 ] 危地马拉

[ 合适的烘焙度 ] 城市烘焙 ~ 法式烘焙

是薇薇特南果高地精品咖啡中的"名门贵族",从阿吉雷家族开设的波尔萨农庄收获的咖啡豆。农庄内有丰富的水源,咖啡豆拥有经过精心水洗、在充足的阳光下自然晒干的风味,是瑕疵很少的上等品种,是名列 2002 年度卓越杯第 2 位的高品质咖啡豆。

| | |
|---|---|
| 香味 | ●●●●○ |
| 酸味 | ●●○○○ |
| 甜度 | ●●●●○ |
| 苦味 | ●●○○○ |
| 浓度 | ●●●○○ |

# 蓝山 No.1

## Blue Mountain No.1
### ▼ 咖啡之王

［类别］顶级咖啡

［生产国］牙买加

［合适的烘焙度］中度烘焙～高度烘焙

大部分的咖啡豆都是装在麻袋里运输的，蓝山是唯一使用木桶运输，并配备质量认可证书的最高级别咖啡豆。这其中的大颗粒豆子就是蓝山No.1。优雅浓郁的香味，顺滑的醇厚度，扎实的甘甜，它所拥有的一切都是最高等级的。

香味 | ● ● ● ● ○

酸味 | ● ● ● ○ ○

甜度 | ● ● ● ○ ○

苦味 | ● ● ● ○ ○

浓度 | ● ● ● ○ ○

# 水晶山

## Crystal Mountain
### ▼ 古巴咖啡的 No.1

［类别］极品咖啡

［生产国］古巴

［合适的烘焙度］中度烘焙～城市烘焙

种植在古巴国土的中央地区，西恩富戈斯州海拔 1 000m 的马埃斯特腊山脉地带，那里的土壤、气候、降水量等最适合咖啡的种植。水晶山是在此区域采摘的咖啡豆中特选的优质品种，拥有清爽澄澈的口感，还会残留甘甜优雅的余韵。

香味 | ● ● ● ● ○

酸味 | ● ● ● ● ○

甜度 | ● ● ○ ○ ○

苦味 | ● ● ● ● ○

浓度 | ● ● ○ ○ ○

# 亚洲·太平洋

Asia& Pacific Ocean

## 发展中的亚洲咖啡和人气超高的夏威夷科纳咖啡

亚洲咖啡的生产以越南、印度和印度尼西亚为中心，单纯地从生产量来看，这3个国家约占世界咖啡生产总量的1/4。虽然生产量处于世界领先地位，但几乎都是便宜的罗布斯塔种咖啡。高品质的阿拉比卡种咖啡产量只有不超过6%，除去印度尼西亚的"曼特宁""托洛雅"等知名品牌之外，其余咖啡豆的品质和知名度都很一般。但是，随着中国、马来西亚和泰国等国家的经济发展，咖啡专家们预测这些区域之后也会将精力放在高品质咖啡的种植上。实际上，随着中国等对咖啡消费量的增加，这些区域已经在生产上投入了很大的精力。

另外，太平洋·大洋洲地区的美国夏威夷州的科纳咖啡，有着很高的人气和知名度，很受欢迎。和下文要介绍的咖啡豆品种一样，科纳咖啡虽然拥有最完美的口感，但产量很少。这个区域的巴布亚新几内亚也开始生产高品质的咖啡豆，并逐渐受到瞩目。

## 口感丰满的印度尼西亚咖啡，"巅峰口味"的科纳咖啡

印度尼西亚生产的拥有华丽的浓厚香气、高醇度、强烈苦味的曼特宁在日本也拥有很高的人气。苏拉威西岛的托洛雅口味稍显温和，但也有着浓烈的醇度和强烈的苦味，用红酒来比喻的话就是"口感丰满"。夏威夷产的科纳咖啡因其果实般芳醇的香气和温润的口感，加上口味清爽，被有些专家评为均衡口感咖啡中的"世界巅峰"（和蓝山咖啡一样）。咖啡豆的最高等级称为"Extra Fancy"。请一定要品尝一次这高贵优雅的口感。

# 爪哇·罗布斯塔·WIB-1

## Java Robusta WIB-1
### ▼ 高品质的罗布斯塔种

[ 类别 ] 标准咖啡

[ 生产国 ] 印度尼西亚

[ 合适的烘焙度 ] 中度烘焙 ~ 全城市烘焙

印度尼西亚有相当大的区域种植罗布斯塔种咖啡，但是只有爪哇岛产的咖啡豆才能被评级为 WIB-1。罗布斯塔种一般不单独饮用，都是在混合咖啡中搭配出售，按照 1 ~ 2 成的比例混合，综合了其他咖啡的味道。

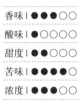

香味 | ●●●○○

酸味 | ●○○○○

甜度 | ●●○○○

苦味 | ●●●●○

浓度 | ●●●○○

# 迦佑山

## Gayo Mountain
### ▼ 香味、浓度和苦味平衡的佳品

[ 类别 ] 极品咖啡

[ 生产国 ] 印度尼西亚

[ 合适的烘焙度 ] 城市烘焙 ~ 全城市烘焙

是在印度尼西亚苏门答腊岛的迦佑高地种植的咖啡，17 世纪时由荷兰人引入当地。本来是优质的咖啡豆，但是因为产量很少，没能大范围推广。近年来，印度尼西亚、荷兰和日本的联合项目进一步提高了这款咖啡豆的质量和供应量。

香味 | ●●●●○

酸味 | ●●●○○

甜度 | ●●●○○

苦味 | ●●●●○

浓度 | ●●●●○

# 曼特宁特级锡博尔加

## Mandheling Super Grade Sibolga

### ▼ 手工精选咖啡豆

[ 类别 ] 极品咖啡

[ 生产国 ] 印度尼西亚

[ 合适的烘焙度 ] 城市烘焙～法式烘焙

种植在印度尼西亚苏门答腊岛多巴湖周边 1 200 ～ 1 500m 的高原地带。大多为小规模的农庄生产，只收集大颗粒的咖啡豆，会反复进行人工挑选，以最大限度地剔除不良豆，最后集合成高品质的咖啡豆。

香味 | ●●●●●

酸味 | ●●●○○

甜度 | ●●●○○

苦味 | ●●●●○

浓度 | ●●●●●

# 曼特宁特级林东 G1

## Mandheling Lintong G1 Super

### ▼ 曼特宁的巅峰

[ 类别 ] 精品咖啡

[ 生产国 ] 印度尼西亚

[ 合适的烘焙度 ] 全城市烘焙～法式烘焙

苏门答腊岛的东北，多巴湖的西南林东地区生产的曼特宁咖啡豆。因其执行彻底的手工挑选等品质管理，所以获得了最高等级 G1。柔和的芳香加上高醇度和强烈的苦味，无论怎么喝都很美味。

香味 | ●●●●●

酸味 | ●●●○○

甜度 | ●●●○○

苦味 | ●●●●○

浓度 | ●●●●●

# 蝴蝶庄园

## Bunum Wo
### ▼ 散发清爽香气的咖啡豆

[ 类别 ] 精品咖啡

[ 生产国 ] 巴布亚新几内亚

[ 合适的烘焙度 ] 高度烘焙 ~ 全城市烘焙

巴布亚新几内亚的咖啡种植是从 20 世纪 30 年代引进牙买加蓝山树苗开始的。这种咖啡在海拔 1 500m、昼夜温差极大的地区种植。生产出的咖啡豆拥有柑橘类果树的清爽香气和恰到好处的口感。

香味 | ● ● ● ○ ○

酸味 | ● ● ● ○ ○

甜度 | ● ● ● ○ ○

苦味 | ● ● ● ○ ○

浓度 | ● ● ● ○ ○

# 罗布斯塔水洗抛光 G1

## Robusta Polished G1
### ▼ 最高品级的罗布斯塔种

[ 类别 ] 标准咖啡豆

[ 生产国 ] 越南

[ 合适的烘焙度 ] 中度烘焙 ~ 全城市烘焙

越南是世界上有名的咖啡生产国，所生产的咖啡豆耐虫害，也能在海拔低的地方种植，是罗布斯塔种中精制得最好、最漂亮的。这种咖啡豆经深度烘焙之后，可以感受到罗布斯塔种独特的苦味，也非常适合加入牛奶或做成花式咖啡饮用。

香味 | ● ● ● ○ ○

酸味 | ● ○ ○ ○ ○

甜度 | ● ● ● ● ○

苦味 | ● ● ○ ○ ○

浓度 | ● ● ● ○ ○

# 非洲·中东

## Africa & Middle East

### 以发源地为中心，也生产精品咖啡

虽然中南美洲地区是咖啡的主要生产地，但是咖啡的发源地却是埃塞俄比亚。即使巴西的咖啡产量遥遥领先，埃塞俄比亚也能一直保持世界第五的产量并且一直坚持传统。在日本，也门和埃塞俄比亚的摩卡品牌（因为两个国家的咖啡都是从也门的摩卡港出货）很有名，但是欧美可能对坦桑尼亚和肯尼亚的咖啡评价更高。埃塞俄比亚的咖啡生产虽然以小规模的农庄为中心，但是最近因为品种的改良，加上精炼和加工技术的进步，高品质的咖啡豆逐渐增多，再加上卢旺达、马拉维等国家的崛起，这里也逐渐发展成精品咖啡的一大生产区域。

### 浓郁有风情，多数拥有独特的味道

和咖啡先进国中南美洲地区咖啡精细讲究的口味相比，非洲的咖啡以拥有独特口味见长，口味偏"浓郁风情"。像以摩卡、乞力马扎罗为代表的咖啡，就因拥有各自浓厚醇度、鲜明酸味等比较清晰的口感特征而更容易被感知和接受。

最近，注重品质的精品咖啡品牌逐渐增多，因为每个农庄都在根据自己的特色精炼咖啡豆，并将其持续不断地供给市场，所以和以前相比，这些豆子的实际情况就更难把握了。

即使如此，拥有魅惑的芳香或难以名状魅力的咖啡豆几乎都产自非洲。虽然在日本还不具有太高知名度和人气，但是"享受探索未知品牌带来的乐趣"对咖啡爱好者而言会是一件很有意思的事情，想尝试新口味的人一定要试一试。

# 马赛 AA

## Masai AA

### ▼ 抑制苦味的口感

[ 类别 ] 极品咖啡

[ 生产国 ] 肯尼亚

[ 合适的烘焙度 ] 全城市烘焙 ~ 意大利烘焙

肯尼亚的咖啡种植开始于 19 世纪末。马赛是用种植在海拔 1 600 ~ 2 000m 的基里尼亚加地区的高品质咖啡豆精细混合之后制作出的咖啡。高级的酸味和甘甜，加上恰好的涩度，组合成让人回味无穷的口感。

香味 | ●●●●○

酸味 | ●●●●○

甜度 | ●●○○○

苦味 | ●●●○○

浓度 | ●●●●○

# 马查 AA

## Machare AA

### ▼ 非洲先进农庄生产

[ 类别 ] 雨林咖啡

[ 生产国 ] 坦桑尼亚

[ 合适的烘焙度 ] 城市烘焙 ~ 全城市烘焙

是在坦桑尼亚北部的莫希地区，海拔 1 400 ~ 1 550m 的乞力马扎罗山最高地带种植的咖啡。马查（Machare）农庄在非洲因其先进的技术而被熟知，其在自然环境的保护和劳动环境的改善上颇有成效，是非洲第一个获得雨林咖啡认证的农庄。

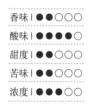

香味 | ●●○○○

酸味 | ●●●●○

甜度 | ●●○○○

苦味 | ●●○○○

浓度 | ●●●○○

# 摩卡马塔里

## Mocha Mattari

### ▼ 野性十足的口感

[类别] 极品咖啡

[生产国] 也门

[合适的烘焙度] 高度烘焙 ~ 全城市烘焙

"摩卡"其实是以前为了将咖啡豆运送到欧洲而繁荣起来的也门一个港口城市的名字。从这里出货的也门和埃塞俄比亚产的咖啡豆都被称作"摩卡"。这其中,也门生产的摩卡马塔里因其野性十足的口感和充满个性的酸味和香气,被世界各国的咖啡爱好者所喜爱。

香味 | ● ● ● ● ○

酸味 | ● ● ● ● ○

甜度 | ● ● ● ○ ○

苦味 | ● ● ● ● ○

浓度 | ● ● ● ○ ○

# 古吉

## Guji

### ▼ 近年备受瞩目的地区

[类别] 极品咖啡

[生产国] 埃塞俄比亚

[合适的烘焙度] 高度烘焙 ~ 全城市烘焙

埃塞俄比亚的西达摩州古吉地区种植的咖啡豆,从来都是作为西达摩区域的咖啡出货。近年,由于高品质的评价逐渐增多,古吉地区作为单独出货的区域,产出了更加优质的咖啡豆,具有带温和酸味和红茶香气的特征。

香味 | ● ● ● ● ●

酸味 | ● ● ○ ○ ○

甜度 | ● ● ○ ○ ○

苦味 | ● ● ● ● ●

浓度 | ● ● ● ○ ○

# 耶加雪菲

## Yirgacheffe

### ▼ 最适合种植的环境

[ 类别 ] 精品咖啡

[ 生产国 ] 埃塞俄比亚

[ 合适的烘焙度 ] 高度烘焙～全城市烘焙

在被森林和湖泊包围的海拔 2 000m 的耶加雪菲村所种植的摩卡耶加雪菲，因为一直坚持传统的制法和对品质的追求，年生产量极其稀少，非常珍贵。它以其美妙的甜味、饱满的口感和纯净的余韵而备受赞誉。

香味 | ● ● ● ● ○

酸味 | ● ● ● ● ○

甜度 | ● ● ○ ○ ○

苦味 | ● ● ○ ○ ○

浓度 | ● ● ○ ○ ○

# 天空之山

## Skyhill

### ▼ 酸味适宜，醇度深厚

[ 类别 ] 极品咖啡

[ 生产国 ] 卢旺达

[ 合适的烘焙度 ] 城市烘焙～全城市烘焙

卢旺达位于非洲中部，卢旺达咖啡是由德国传教士传入的。天空之山的产地——尼玛谢克区域有肥沃的土壤，可以不使用肥料，纯天然种植。所产咖啡豆拥有柑橘的酸和奶油的醇厚口感。

香味 | ● ● ○ ○ ○

酸味 | ● ● ● ● ○

甜度 | ● ● ○ ○ ○

苦味 | ● ● ● ● ●

浓度 | ● ● ● ○ ○

# 〈 自制混合咖啡 〉

　　和选择单品咖啡豆冲泡的纯种咖啡相比，享受更深、更复杂的口味是混合咖啡的魅力之一。了解各种咖啡豆的特征，调制出自己喜欢的原创口味吧。

## 样本篇

### 直接根据各自特征混合

　　根据产地和种类的不同，咖啡豆拥有各种各样的口味。发挥出咖啡豆各自的长处，弥补短处，调和之后制作出的就是混合咖啡。自由探寻和选择自己喜欢的口味，就是制作混合咖啡最大的乐趣。

　　在制作混合咖啡之前，需要对所选咖啡豆有充分的了解。通过直接品尝咖啡豆，判断其中酸味的强弱和香气的丰富程度，以此掌握咖啡豆的特征，之后再根据想要制作的咖啡口味，选择合适的咖啡豆组合。

　　基本上，混合咖啡会用到 3 ~ 5 种咖啡豆，超出数量范围的混合则需要更专业的知识储备和实操经验。我们不妨先从 3 ~ 5 种咖啡豆做起，下面分别列举了几种基本组合，初学者请在此基础上进行尝试。

| 主要咖啡豆的种类和特征 | 酸味系 | 苦味系 |
| --- | --- | --- |
| 这次使用的不是精品咖啡或极品咖啡等高价难入手的咖啡豆，而是一般的咖啡豆，这类咖啡豆不标注评级等信息，因为还是多用国家名标注出售，所以我们这里也直接用国家名来表示。 | 哥伦比亚<br>坦桑尼亚（乞力马扎罗）<br>埃塞俄比亚（摩卡）<br>肯尼亚<br>危地马拉<br>也门（摩卡马塔里）<br>墨西哥 | 巴西<br>曼特宁<br>夏威夷（科纳）<br>印度尼西亚罗布斯塔 |

**合适的烘焙度 = 中度烘焙 ~ 城市烘焙**

## ▍清淡口味的混合咖啡

气质优雅的加勒比海蓝山，加上混合咖啡中拥有不可或缺的出色均衡口感的巴西和哥伦比亚，再加上苦味系的曼特宁，最后的成品虽然浓醇但是非常易入口。

① 蓝山 40%
② 巴西 30%
③ 哥伦比亚 20%
④ 曼特宁 10%

**合适的烘焙度 = 城市烘焙 ~ 全城市烘焙**

## ▍浓厚口感的混合咖啡

苦味和酸味有着出色平衡感的巴西，加上同样浓醇和甘甜显著的哥伦比亚，再配上有着浓厚酸味的坦桑尼亚和厚重苦味的曼特宁强调口感，最后再用危地马拉将苦味全部引发出来的一款混合咖啡。

① 巴西 30%
② 哥伦比亚 30%
③ 坦桑尼亚 15%
④ 曼特宁 15%
⑤ 危地马拉 10%

**合适的烘焙度 = 浅烘焙 ~ 全城市烘焙**

## ▍酸味 + 清爽余韵的混合咖啡

基底使用有温润酸味的哥伦比亚，加上拥有丰富酸味的埃塞俄比亚（摩卡），坦桑尼亚的浓厚酸味和丰富香味使酸味的口感更加饱满，最后多用一些口味均衡的巴西，呈现出清爽余韵。

① 哥伦比亚 40%
② 巴西 30%
③ 埃塞俄比亚（摩卡）15%
④ 坦桑尼亚 15%

**合适的烘焙度 = 浅烘焙 ~ 高度烘焙**

## ▍突显酸味的混合咖啡

以有温润酸味的哥伦比亚为基底，加上有浓醇酸味和丰富香气的坦桑尼亚，再配合拥有甘甜酸味的肯尼亚，最后加上味道均衡的巴西，混合成有着复杂酸味口感又容易入口的混合咖啡。

① 哥伦比亚 40%
② 坦桑尼亚 20%
③ 肯尼亚 20%
④ 巴西 20%

**合适的烘焙度 = 中度烘焙 ~ 城市烘焙**

## ▍突显苦味的混合咖啡

主要基底为口味均衡的巴西，配合苦味和香气都很突出的曼特宁，再添加哥伦比亚、坦桑尼亚和危地马拉，将各自的酸味和醇厚混合，最后呈现出的口感整体偏苦又美味，体现出了咖啡特有的宽广韵味。

① 巴西 40%
② 哥伦比亚 20%
③ 曼特宁 20%
④ 危地马拉 10%
⑤ 坦桑尼亚 10%

**合适的烘焙度 = 中度烘焙 ~ 全城市烘焙**

## ▍苦味 + 浓醇的混合咖啡

使用巴西和哥伦比亚精炼过后的苦味和浓醇作为基底，加上坦桑尼亚浓厚的酸味，再利用印度尼西亚罗布斯塔和埃塞俄比亚（摩卡）提炼出充满冲击感的苦味，让你体验一种深远宽广的浓醇。

① 巴西 35%
② 哥伦比亚 25%
③ 坦桑尼亚 15%
④ 印度尼西亚罗布斯塔 15%
⑤ 埃塞俄比亚（摩卡）10%

# 制作自制咖啡

## 实践篇

精确的称量

● **准备的材料**

**电子计量器**

（推荐可以精确测量的电子类计量器）

**盆【小】**

（测量咖啡豆的工具，没有的话可以用塑料容器代替）

**盆【大】**

（将称量好的咖啡豆混合搅拌的工具）

● **制作方法**

1. 对自己将要制作的口味有大致判断

如比起酸味，更强调苦味的浓厚口感等，记录得越详细越好。

2. 确认好将要使用的各种咖啡豆的风味

混合之前，将需要使用的每一种咖啡豆都研磨萃取，确认各自的风味。

3. 每种咖啡豆都需要精确称量，充分混合均匀

每种咖啡都需要分别称量，然后放入大盆中充分混合均匀。

4. 完成自制混合咖啡

将混合好的咖啡豆研磨萃取，确认最终的味道。

---

注意点

· 准备大约 5 种咖啡豆。

· 尽可能使用新鲜的咖啡豆。

· 尽可能统一咖啡豆的烘焙度。

· 确认每种咖啡豆的味道时，使用同样的器具，在同样的条件下萃取。

· 以 100%=100g 的基准比率制作。

· 每种咖啡豆一定要用小盆精确称量后，再放入大盆混合。

# 制作混合咖啡记录表

制作混合咖啡记录表，将操作按顺序详细地记录下来，之后想做同样的混合咖啡或者想要尝试其他混合方法时会很方便。

混合咖啡表 No.　　　　　　　　　　　　　　　年　月　日

*Point 1*

混合咖啡名　　　温和口味混合咖啡（HOT）

*Point 2*

想要制成的口感　　苦味和酸味的平衡感很好，
　　　　　　　　　特点是口腔里感受到的浓醇
　　　　　　　　　和清爽的余韵

*Point 3*

## 统一的烘焙度　　　城市烘焙

| 咖啡豆的产地（品牌） | 比率 |
| --- | --- |
| 1 巴西·莫吉亚纳 | 40% |
| 2 哥伦比亚·娜玲珑 | 30% |
| 3 巴拿马·SHB | 20% |
| 4 肯尼亚·AA | 10% |
| 5 | |

*Point 4*　　*Point 5*

**心得**　　和想象的口味一样
　　　　　　很好喝
　　　　　　尝试一下巴西或哥伦比亚之外的品种或许很有趣

*Point 6*

Point 1　不要忘记写编号和日期。
Point 2　记录是做热饮用的混合咖啡还是做冷饮用的混合咖啡。
Point 3　将味道尽可能详细地记录下来。
Point 4　同样的产地有各种各样的品牌，尽可能详细地记录下来。
Point 5　全部用 100%=100g 的基准比率来制作。
Point 6　将是否是预想中的味道等信息也详细地记录下来，供以后参考。

# 〈 如何在网上购买咖啡豆 〉

现如今在网上就可以购买到大部分的咖啡豆，但由于商店太多，选择起来比较困难。下面就为大家整理了一些网上购买咖啡豆时如何挑选商店的注意点。

## 选择可以保证"烘焙豆新鲜度"的商店

当附近没有很好的咖啡豆专卖店时，在网上购买是个便利的选择。这时需要注意的是"烘焙豆的新鲜度"。烘焙后的咖啡豆最美味的保存期限是1～2周的时间，购买时要计算到货的时间，尽可能地选择出售新鲜豆的商店。如何选择商店请参考以下的注意点。

### 注意点1

**是"烘焙后立刻购买"，还是"下单后再烘焙"？**

一些自信的商家会打出"烘焙后 XX 日之内寄出"的宣传语。最近也有一些"100% 下单后烘焙""可选烘焙度"的商店，最理想的当然是下单之后再烘焙的商店。

### 注意点2

**计算到达的天数**

选择明确注明了配送方式和发货期限的商店，标准是"2～3天内发货"。如果超过这个时间，算上配送天数，送达的时长可能超过 1 周，咖啡豆的新鲜度得不到保障。

## 清楚写明售后联络方式

如果希望更详细地了解咖啡豆种类，指定烘焙方法，或者希望商品密封好后再寄送等，可以发邮件或者打电话询问卖家。通过对方对这些问题的回应可以看出这家商店是否真诚，因此可见，购买之前的沟通也很重要。

注意点 4

## 小批量地下单

考虑到咖啡豆的保鲜期是 2 周以内，网购时便应尽量选择支持小批量下单的商店，先试一试咖啡豆的品质，然后随买随用，一次性下单选 100g 最合适，最多不超过 200g。如果觉得小批量下单运输成本高，也可以在确认口味和送达时间的前提下大量购买。送达后，除当下立刻饮用的分量外，不要忘记把剩下的咖啡豆冷藏或冷冻保存（参考 P34 ~ P35）。

第 6 章　如何购买美味的咖啡豆

**作者**

## 富田佐奈荣（Tomita Sanae）

  日本咖啡策划协会会长，佐奈荣学园（Cafe's Kitchen）校长。除了参加电视录制等媒体活动之外，还参与了各种食品商家的商品企划、食谱提案等，出过数本著作，是日本咖啡界的资深专家。致力于通过演讲等活动全力推进咖啡商业的发展。在和大型洋果子品牌共同开发出充满想象力的大热商品"芝士蛋糕芭菲"之后，作为先驱者创办了面向咖啡店创业者的"Cafe's Kitchen"，优秀毕业生频出（毕业生开店数已超过 330 家）。

  创立了日本咖啡策划协会，在职业资格的普及、人才培养，以及强化咖啡商业的品质上做了诸多努力。"Cafe's Kitchen"在创立超过 22 年之后，也取得了令人瞩目的成绩。